浙江省中等职业教育示范校建设课程改革创新教材

车工技能训练

李双彤　主　编

科 学 出 版 社

北　京

内 容 简 介

本书根据我国职业教育课程改革的基本理念，按照"以工作任务为中心选择、组织教学内容，并以完成工作任务为主要学习方式和最终目标"的原则编写。本书包括卧式车床加工安全生产知识、车床基本知识以及轴类零件加工、套类零件加工、车成形面、螺纹加工的相关内容。

本书适用于车床实训加工的教学中，重在培养学生边学边做的习惯，以及自主学习和自我探究的能力，引导学生在实训中掌握所需的重要知识，注重实训过程的指导及注意事项。同时，本书附录还提供了初级车工鉴定要求、中级车工鉴定要求、车工技能理论习题和参考答案等相关资料。

本书可作为职业院校机械专业的一体化教材，也可作为初、中级车工技能考试的培训教材、普通高中学生的选修教材，以及车削加工技术人员的自学教材。

图书在版编目（CIP）数据

车工技能训练/李双彤主编.—北京：科学出版社，2018.5
（浙江省中等职业教育示范校建设课程改革创新教材）
ISBN 978-7-03-057267-7

Ⅰ.①车… Ⅱ.①李… Ⅲ.①车削-中等专业学校-教材 Ⅳ.①TG510.6

中国版本图书馆 CIP 数据核字（2018）第 085760 号

责任编辑：韩 东 王会明 / 责任校对：王万红
责任印制：吕春珉 / 封面设计：东方人华平面设计部

科学出版社 出版
北京东黄城根北街 16 号
邮政编码：100717
http://www.sciencep.com

北京虎彩文化传播有限公司 印刷
科学出版社发行 各地新华书店经销
＊

2018 年 5 月第 一 版 开本：787×1092 1/16
2019 年 2 月第二次印刷 印张：10 3/4
字数：240 000

定价：38.00 元
（如有印装质量问题，我社负责调换〈虎彩〉）

销售部电话 010-62136230 编辑部电话 010-62135120-8018

浙江省中等职业教育示范校建设课程
改革创新教材编委会

主　任

　　黄锡洪

副主任

　　周洪亮　　周柏洪　　朱寿清　　谢光奇　　邵晓兵　　余悉英

成　员

　　龚海云　　闫　肃　　王立彪　　叶光明　　张红梁　　吴笑航

　　钟　航　　蔡德华　　郝好敏　　李双彤　　潘卫东　　黄利建

　　金晓峰　　姜静涛　　叶晓春　　傅　欢　　蒋水生　　章佳飞

　　许雪佳　　阎海平　　李　钊　　谢　岷　　朱必均　　金高飞

本书编写人员

主　编　李双彤

副主编　蔡德华　王长辉　马振平　谢　岷　郝好敏

参　编　张琴香　李　钊　叶卸华　王剑平　叶红庆

　　　　诸葛利华　郑明强

前　言

我国的职业教育改革正如火如荼地进行着，各地政府、教育主管部门和职业教育院校都致力于开发各专业的项目课程。本书正是在这种形式下，充分考虑职业教育的特点和当前课程改革的要求，针对一般教材"重知识、轻能力，重理论、轻实践"的弊端，按照"以工作任务为中心选择、组织教学内容，并以完成工作任务为主要学习方式和最终目标"的原则编写而成。

本书要求任课教师在掌握当前职业教育课程改革基本理念的基础上，掌握以下教学方法。

1）教学过程以学生为中心。教师应由过去的讲授者转变为指导者，让学生在自主探究、操作和讨论等活动中获得知识和技能。教师的职责更多地是为学生的活动提供帮助，激发学生的学习兴趣，指导学生形成良好的学习习惯，为学生提供丰富的教学情境。

2）教学的最终目标是完成工作任务。通过工作任务的完成，使学生掌握必备的知识和技能并形成正确的态度。因此，教师要注意对工作任务的细节进行描述，并提醒学生将注意力放在工作任务上，而不仅仅是知识上。

3）在整个教学过程中，要强调学生是学习行动的主体，强调以职业情境中的行动能力为培养目标，强调以职业情境中的行动过程为学习途径，以师生及生生之间互动的合作行动为学习方式，以学生自我构建的行动过程为学习过程，以专业能力、操作能力、社会能力整合后形成的行动能力为评价学生学业成绩的主要依据。

为了保证车工技能训练的教学贴合教学实际情况，保证实习质量，使实习教学逐步走向规范化、制度化，蔡德华组长带领全组专业教师，群策群力，历时一年，在系统总结了建校以来的车床实践教学经验的基础上，编写了本书。本书各项目建议学时如下表：

模块	项目	课程内容	建议学时
模块一　走进车间	项目一	卧式车床加工安全生产知识	10
	项目二	车床基本知识	32
模块二　技能训练，实践精加工	项目三	轴类零件的加工	42
	项目四	套类零件的加工	36
	项目五	车成形面	20
	项目六	螺纹加工	38
	附录	初、中级车工鉴定要求及车工技能理论习题和参考答案	22

本书项目一、项目二及附录部分由李双彤编写，项目三、项目四由王长辉编写，项目五、项目六由马振平编写，全书由李双彤、王长辉统稿定稿。蔡德华、谢岷、郝好敏负责图片收集制作，张琴香、李钊、叶卸华、王剑平、诸葛利华、郑明强负责图片整理。另外，本书部分图片由叶红庆提供。感谢对本书编写提供帮助的所有老师，感谢参考文献的原作者。

本书是项目任务教学法在车床实训加工教学中应用的尝试,侧重于对实训过程的指导及学生实习效果的评价。限于编者水平,书中难免存在纰漏及不足之处,恳请广大读者和业内同行批评指正。

目　录

模块一　走 进 车 间

模块二　技能训练，实践精加工

模块一

走进车间

　　对于车工实训，车间是学生接触实训的第一站，也是培养学生学习兴趣的第一站。

　　本模块从车床加工安全生产知识的介绍切入，到占用车间最多面积的车床的结构与操作的讲解，再到车床日常保养方法的讲解及常用车刀种类、用途、刃磨方法的介绍来呈现车间的概貌，用直观、简洁的方式引领学生走进车间、认识车间、熟悉车间。

项目一

卧式车床加工安全生产知识

最终目标 ‹‹‹

养成安全、文明生产的习惯。

促成目标 ‹‹‹

1. 认识安全、文明生产的重要性及要求。
2. 熟悉生产车间的各项基本规定。
3. 了解车间的 7S 管理细则。
4. 掌握劳保用品的佩戴要求。

一、安全、文明生产的重要性

坚持安全、文明生产是保障生产工人和设备安全、防止工伤和设备事故的根本保证，同时也是工厂科学管理的一项十分重要的措施。安全、文明生产直接影响人身安全保障、产品质量和生产效率的提高，影响设备和工具、夹具、量具的使用寿命和操作工人技术水平的正常发挥。安全、文明生产的一些具体要求是长期生产活动中的实践经验和教训的总结，要求操作者必须严格执行。

安全生产工作应该强调"以人为本"的理念，劳动者是生产的主角，安全生产不仅保护了劳动者自身的安全，同时也保护了企业的财产安全。因此，在生产过程中，我们要有足够的安全生产意识和安全生产防护用具，这样，我们才能够确保在生产过程中具备必要的安全保护。

二、安全、文明生产的要求

1）开车前检查车床各部分及防护设备是否完好、各手柄是否灵活、位置是否正确。检查各注油孔，并进行润滑。运转主轴 1~2min，待车床运转正常后才能工作。若发现车床有故障，应立即停车，申报检修。

2）主轴变速必须先停车，变换进给箱手柄要在低速进行。为保证丝杠的精度，除车削

螺纹外，不得使用丝杠进行机动进给。

3）刀具、量具及工具等的放置要稳妥、整齐、合理，要有固定的位置，便于操作时取用，用后放回原处，主轴箱盖上不应放置任何物品。

4）工具箱内应分类摆放物品。精度高的应放置稳妥，重物放下层、轻物放上层，不可随意乱放，以免损坏和丢失。

5）正常使用和爱护量具。要保持量具清洁，用后要擦净，涂润滑油，放入盒内，并及时归还工具室。所使用的量具必须定期校验，以保证其度量准确。

6）不允许在卡盘及床身导轨上敲击或校直工件，床面上不准放置工具或工件。装夹、找正较重工件时，应用木板保护床面。下班时若不卸下工件，则应用千斤顶支撑。

7）车刀磨损后，应及时刃磨，不允许用钝刃车刀继续车削，以免增加车床负荷而损坏车床，影响工件表面的加工质量和生产效率。

8）批量生产的零件，首件应送检。在确认合格后，方可继续加工。精车工件要注意防锈处理。

9）毛坯、半成品和成品应分开放置。半成品和成品应堆放整齐、轻拿轻放，严防碰伤已加工表面。

10）图样、工艺卡片应放置在便于阅读的位置，并注意保持清洁和完整。

11）使用切削液前，应在车床导轨上涂润滑油，车削铸铁或车削气割下料的工件时应擦去导轨上的润滑油。铸铁上的型砂、杂质应尽量去除干净，以免损坏床身导轨面。切削液应定期更换。

12）工作场地周围应保持清洁、整齐，避免堆放杂物，防止人被绊倒。

13）工作完毕后，将所用过的物品擦净归位，清理机床、刷去切屑、擦净机床各个部位的油污；按规定加注润滑油，并把机床周围打扫干净；将床鞍摇至床尾一端，各传动手柄放到空挡位置，关闭电源。

三、车工安全操作规程

1）车床开动前，必须按安全操作的要求，正确穿戴好劳动保护用品，扎紧袖口，长发挽在工作帽内；认真、仔细检查机床各部件和保护装置是否完好、安全可靠，然后加油润滑机床，并做低速空载运转 2～3min，检查机床运转是否正常。

2）看清图样，检查毛坯件，准备好工具、刀具、量具，工具及工件不应放在主轴箱盖或导轨上，应放在盘中；装卸卡盘和大工件时，要检查周围有无障碍物，垫好防护木板，以保护床面，并要卡住、顶牢、架好，车偏重时要按轻重做好平衡；工件及工具的装夹要牢固，以防工件或工具从夹具中飞出；卡盘钥匙、套帽扳手要拿下；夹紧工件时可用接长套筒，严禁用锤子猛打。

3）开动车床前将操作手柄置于空挡位置，机床运转时，严禁戴手套操作；严禁用手触摸机床的旋转部分；严禁在车床运转时隔、越车床传送物品；装卸工件、安装刀具，清洗上油及打扫切屑均应在车床运转停止时进行，清除铁屑应用刷子或钩子，禁止用手拉。

4）机床运转时，不准测量工件，不准用手制动转动的卡盘；用砂皮时，应放在锉刀上，

严禁戴手套操作砂皮，磨破的砂皮不准再使用，不准使用无柄锉刀；不得用正反车电闸制动，应经中间制动过程。

5）加工细长工件要用顶尖、跟刀架。车头前面伸出部分不得超过工件直径的 20～25 倍，车头后面伸出超过 300mm 时，必须加装托架，必要时装设防护栏杆。

6）用锉刀光磨工件时，应右手在前，左手在后，身体离开卡盘；禁止用砂皮裹在工件上砂光，应比照用锉刀的方法，成直条状压在工件上进行操作。

7）车削内孔时不准用锉刀倒角；用砂皮光磨内孔时，不准将手指或手臂伸进去打磨。

8）加工偏心工件时，必须加平衡块，并保证紧固牢靠，制动不要过猛。

9）攻丝或套丝时必须用专用工具，不准一手扶攻丝架（或扳牙架）一手开车。

10）切断大料时，应留有足够余量，卸下工件后再用工具敲断，以免切断时料掉下伤人；切断小料时，不准用手接。

11）加工工件时，切削量和进刀量不宜过大，以免机床过载或梗住工件造成意外事故。

12）切削粗工件时不能吃刀停车，如需停车应迅速将车刀推出；切削较长工件须在适当位置放好中心架，防止工件甩出伤人，伸入床头的料棒长度不应超过床头立轴，并慢车加工，伸出时注意防护。

13）高速切削时，没有防护罩不得切削；切削铜料时要有断削装置，且必须使用活动顶尖，当铁屑飞溅严重时，应在机床周围安装挡板，使之与操作区隔离。

14）机床运转时，操作者不能离开机床，发现机床运转不正常时，应立即停车，请机修工检查修理；突然停止供电时，要立即关闭机床或其他启动装置，并将刀具退出工作部位。

15）工作时必须侧身站在操作位置，禁止身体正面对着转动的卡盘。

16）工作结束后，应切断机床电源或总电源，将刀具或工件从工作部位退出，清理安放好所使用的工具、夹具、量具，并擦清机床。

17）每台机床上均应装设局部照明灯，机床上的照明应使用安全电压（36V 以下）。

四、车间 7S 管理

1. 7S 管理要求

所谓的 7S 就是整理（Seiri）、整顿（Seiton）、清扫（Seiso）、清洁（Seiketsu）、素养（Shitsuke）、安全（Safety）、节约（Save）。定义 7S 管理方式，既可保证公司整洁的生产和办公环境，良好的工作秩序和严明的工作纪律，同时也是提高工作效率，生产高质量、精密化产品，减少浪费、节约物料成本和时间成本的基本要求。具体的 7S 管理要求如下。

1）整理：增加作业面积，保证物流畅通，防止误用等。

2）整顿：工作场所整洁明了，一目了然，减少取放物品的时间，提高工作效率，保持井井有条的工作秩序区。

3）清扫：清除现场内的脏污、清除作业区域的物料垃圾。

4）清洁：使整理、整顿和清扫工作成为一种惯例和制度，是标准化的基础，也是一个

企业形成企业文化的开始。

5）素养：通过培训让员工成为一个遵守规章制度，并具有良好工作习惯的人。

6）安全：保障员工的人身安全，保证生产连续安全正常地进行，同时减少因安全事故带来的经济损失。

7）节约：对时间、空间、能源等方面合理利用，以发挥它们的最大效能，从而创造一个高效率、物尽其用的工作场所。

【注意】5S 管理起源于日本，是指在生产现场对人员、机器、材料、方法、信息等生产要素进行有效管理，这是日本企业独特的管理办法。因为整理（Seiri）、整顿（Seiton）、清扫（Seiso）、清洁（Seiketsu）、素养（Shitsuke）是日语外来词，在罗马文拼写中，第一个字母都为 S，所以日本人称之为 5S。近年来，随着人们对这一管理方法认识的不断深入，有人又添加了安全（Safety）、节约（Save）、学习（Study）等内容，分别称为 6S、7S、8S。

2. 车间管理规范演练

生产实训车间是师生工作学习的主要阵地，保证良好的环境和秩序很重要，因此良好的工作习惯在整个实训过程中的作用不可替代。针对车间管理，在实训开始，需要对学生进行规范化进入车间、规范化操作、规范化整理工具、规范化清理卫生、规范化行为准则的培养，并在本次实训实施检验。

按照 7S 管理要求，对学生日常实训的行为进行规范化演练。明确每位学生的职责，做到事事有人做，人人有事做，对学生负责，对车间负责，对技能负责，对学校负责。

五、常见的劳保用品及佩戴要求

常见的劳保用品及佩戴要求如表 1-1 和表 1-2 所示。

表 1-1　劳保用品

名称	图例	备注
防护镜		必须是防溅入眼镜，近视镜不能代替防护镜
安全鞋		防滑、防砸、防穿刺

名称	图例	备注
防护服		1）必须是长衣、长裤 2）防护服必须紧身不松垮，达到三紧要求 3）女性必须戴工作帽，长发不得外露
防护手套		机床操作时不得戴手套

表1-2　佩戴要求

时段	要求	备注
机床操作时	禁止戴手套　必须戴防护眼镜　必须戴防护帽　必须穿防护鞋　必须穿防护服	牛仔裤配紧身上衣也可
拿取毛坯、手工去毛刺时	必须戴防护手套　必须戴防护眼镜　必须戴防护帽　必须穿防护鞋　必须穿防护服	

项目二

车床基本知识

最终目标 ≪≪

会独立操作卧式车床。

促成目标 ≪≪

1. 能认识并操作卧式车床，熟悉卧式车床的工作内容。
2. 能对车床进行日常保养。
3. 能正确认识车刀的类型并进行定置管理。

任务一 认识车床

任务目标▶

1）识读车床的型号。
2）实地分辨车床主要组成部分的名称、结构及作用。
3）写出 CA6140 型卧式车床的传动路线。

任务实施▶

普通车床种类繁多，各种车床基本原理大致相同，但也有不同之处，如刀架的纵横向控制手柄、滑板刻度标量、切削参数范围、交换齿轮箱在机床上的布置等。最常见的有普通车床、数控车床等，其中普通车床中卧式车床的应用最为广泛。作为一名优秀的车工，在操作车床前必须熟悉一些常规要素。

1. 认识车床型号

车床型号由汉语拼音字母及阿拉伯数字组成，CA6140 型车床是最常用的国产卧式车床，车床型号中字母及数字的含义如下：

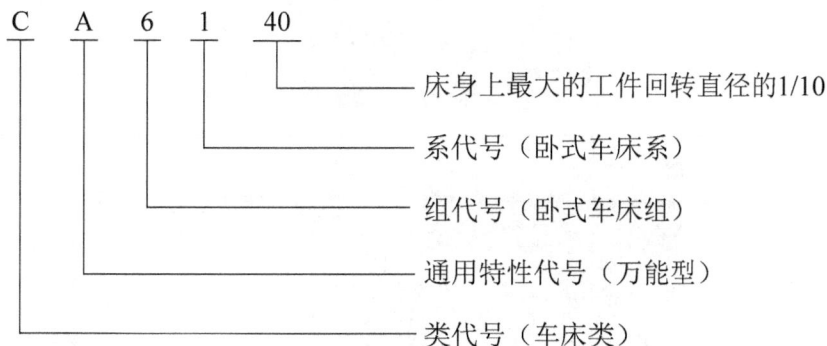

```
C  A  6  1  40
            └──── 床身上最大的工件回转直径的1/10
         └─────── 系代号（卧式车床系）
      └────────── 组代号（卧式车床组）
   └───────────── 通用特性代号（万能型）
└──────────────── 类代号（车床类）
```

2. 认识卧式车床的结构

车工只有了解车床的基本结构后，才能够正确操作和维护车床。图 2-1 所示为 CA6140 型卧式车床的外形结构，各部分的结构及作用如表 2-1 所示。

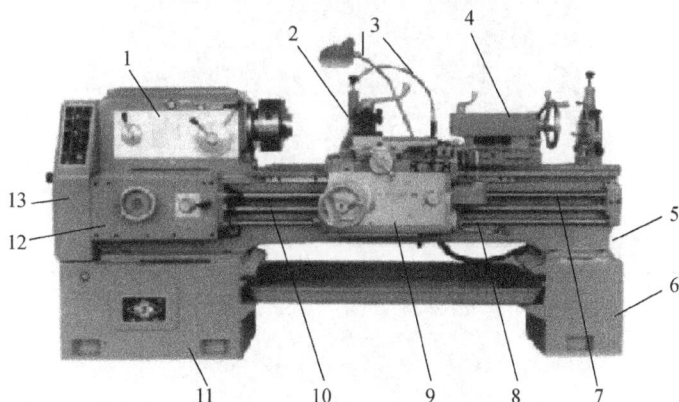

图 2-1　CA6140 型车床的外形结构

1—主轴箱；2—刀架；3—照明灯、冷却管；4—尾座；5—床身；6，11—床脚；7—丝杠；
8—主轴正、反转操作手柄；9—溜板箱；10—光杠；12—进给箱；13—交换齿轮箱

表 2-1　CA6140 型车床各部分的结构及作用

名称	结构	作用
主轴箱		支撑主轴，带动工件做旋转运动。箱内有齿轮、轴、拨叉等零件，箱外有手柄

名称	结构	作用
主轴箱	油管 齿轮 油泵	变换手柄的位置,可使主轴获得不同的转速。卡盘装在主轴上,夹持工件做旋转运动
进给箱	油绳导油润滑	是进给传动系统的变速机构,它把交换齿轮箱传递过来的运动,经变速后传递给丝杠或光杠
溜板箱		用于接收光杠或丝杠传递的运动。操纵箱外的手柄及按钮通过快移机构驱动刀架部分,以实现车刀的纵向或横向运动
刀架部分	4 3 2 1 注:数字表示润滑点	由床鞍、中滑板、小滑板和刀架等组成。刀架部分用于装夹车刀并带动车刀做纵向、横向、斜向或曲线运动,从而完成工件各种表面的车削工作

续表

名称	结构	作用
尾座	 注：数字表示润滑点	安装在床身导轨上，并沿导轨纵向移动。尾座主要用于安装后顶尖，以支顶较长的工件，也可安装中心钻或钻头等
交换齿轮箱	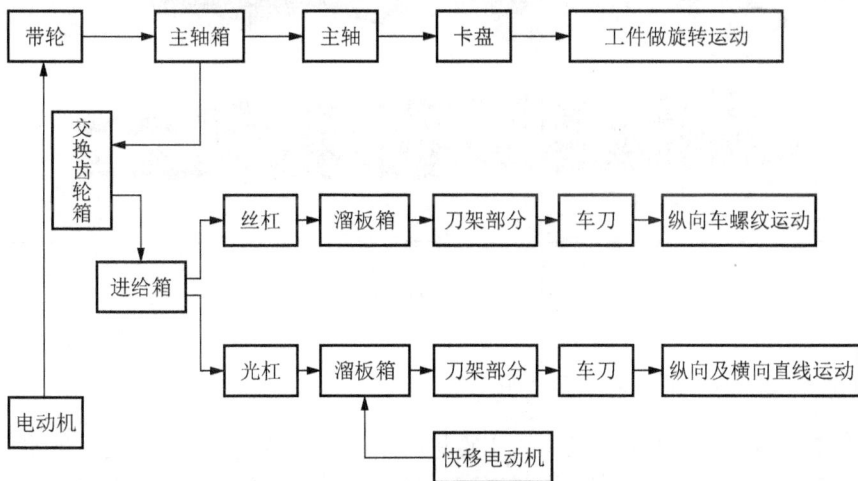	用于接受主轴箱传递的转动，并传递给进给箱。更换箱内的交换齿轮，配合进给箱变速机构，可以车削各种导程的螺纹（或蜗杆），并满足车削时对纵向和横向不同进给量的需求

3. 认识卧式车床的传动路线

现以 CA6140 型车床为例，介绍卧式车床的传动路线。

CA6140 型车床传动路线如图 2-2 所示，电动机驱动带轮，把运动传送到主轴箱。通过变速机构变速，使主轴得到不同的转速，再经卡盘（或夹具）带动工件旋转。

从主轴箱将旋转运动传送到交换齿轮箱，通过进给箱变速后由丝杠或光杠驱动溜板箱和刀架部分，可以很方便地实现手动、机动、快速移动及车螺纹等运动。

图 2-2　CA6140 型车床传动路线框图

知识链接▶

1. 车床的加工范围

在车床上所使用的刀具主要是车刀，还有钻头、铰刀、丝锥和滚花刀等。车床主要用来加工各种回转表面，如内、外圆柱面，内、外圆锥面，端面，内、外沟槽，内、外螺纹，内、外成形表面，以及钻孔、扩孔、铰孔、镗孔、攻丝、套丝、滚花等，如图 2-3 所示。

图 2-3　车床加工的零件

2. 车工在机械加工中的地位和作用

车削加工是指在车床上应用刀具对工件进行切削，以改变毛坯的尺寸和形状，使之成为零件的加工过程。车削加工在切削加工中是最常用的一种加工方法，车床占机床总数的 2/3 左右，在机械加工中具有重要的地位和作用。

任务二 车床的基本操作

任务目标▶

1）掌握车床主轴箱变速和进给箱变速的操作。

2）熟练掌握车床溜板箱的操作。

3）掌握尾座的操作。

任务实施▶

1. 安全操作

按照项目一中"车工安全操作规程"要求执行。

2. 基本操作

（1）主轴箱手柄的操作

车床主轴的速度可通过改变主轴箱上的转速手柄和高、低挡转速手柄的位置来控制，中间的转速手柄有 6 个挡位，右面的高、低挡转速手柄有 2 个挡位，可实现 12 级变速，左面的左、右旋螺纹或进给手柄用于螺纹的左、右旋向和加大螺距，如图 2-4 所示。

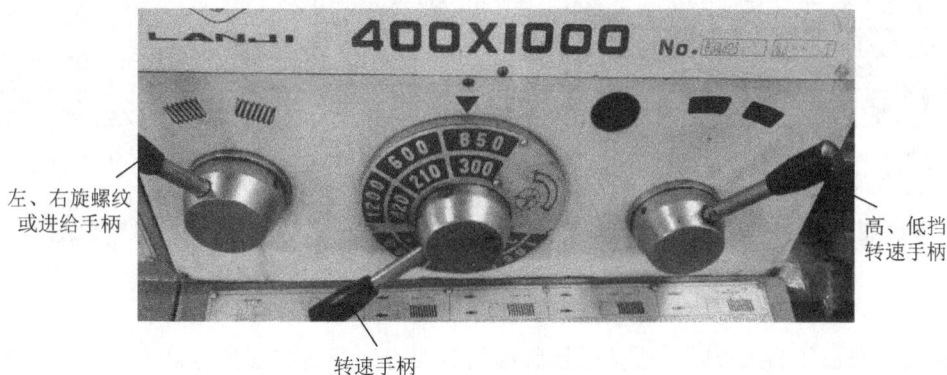

图 2-4 主轴箱手柄

（2）进给箱手柄操作铭牌的识读

通过改变进给箱手柄的位置可实现不同的进给量或车削不同螺距的螺纹，车床进给箱手柄如图 2-5 所示。车床进给箱手柄的调整，可以实现不同的车削进给速度，满足不同情况下的工件加工需求，而进给箱的调整是依据车床铭牌进行的，如图 2-6 所示。铭牌中的"M"表示丝杠转动，主要用于螺纹车削；"S"表示光杠转动，主要用于外圆、端面车削，

"A、B、C、D、E"和"1、2、3、4、5"通过进给箱手柄1（图2-5）调节，"M""S""Ⅰ、Ⅱ、Ⅲ、Ⅳ、Ⅴ"通过进给箱手柄2（图2-5）调节。

进给箱手柄1

进给箱手柄2

图 2-5　车床进给箱手柄

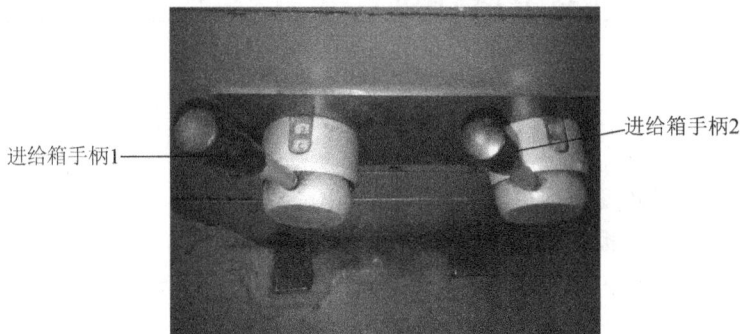

图 2-6　车床进给箱铭牌

在车削有模数的螺纹时，需按照铭牌中的箭头方向调整交换齿轮箱中的滑移齿轮。例如，车削英制螺纹，螺距 8in（1in=2.54cm），要先把两个滑移齿轮向左挂上；再将进给箱手柄 1 向里按调整到挡位 4，向外扳动调整到挡位 D，手柄 2 向里按调整到挡位Ⅳ、向外扳动调整到挡位 M。（**注**：进给箱调整可开车进行。）

（3）溜板箱的操作

溜板箱的各手柄如图 2-7 所示，各手柄的操作如下。

1）小滑板手柄控制小滑板的纵向移动，小滑板只可做短距离移动，小滑板刻度盘每转动一小格，小滑板移动 0.05mm。

2）中滑板手柄控制中滑板的横向移动。顺时针转动中滑板手柄，中滑板远离操作者；逆时针转动中滑板手柄，中滑板靠近操作者。中滑板手柄上的刻度盘每转动一小格，中滑板移动 0.05mm。

3）床鞍手柄（大手轮）用于控制床鞍及溜板箱的纵向移动，顺时针转动床鞍手柄，床鞍向右移动；逆时针转动床鞍手柄，床鞍向左移动。床鞍移动的距离可从床鞍刻度盘上得知。刻度盘每转动一小格，床鞍移动 1mm。

4）开合螺母手柄用于车削螺纹，横向、纵向自动进给手柄用于控制刀架的自动横向或纵向进给，离合器手柄用于控制机床主轴的正转、反转和停止。

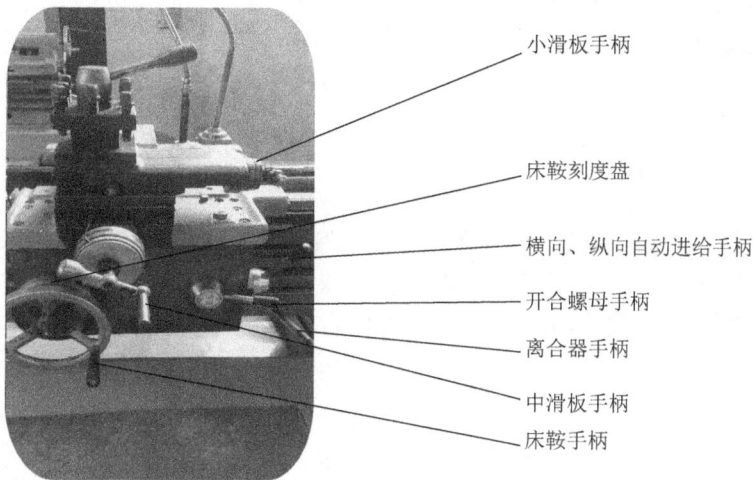

图 2-7　溜板箱的手柄

（4）尾座的操作

尾座（如图 2-8 所示）主要用于安装钻头钻孔或安装顶尖辅助支承等，尾座手柄每转动一圈，尾座套筒移动 5mm。

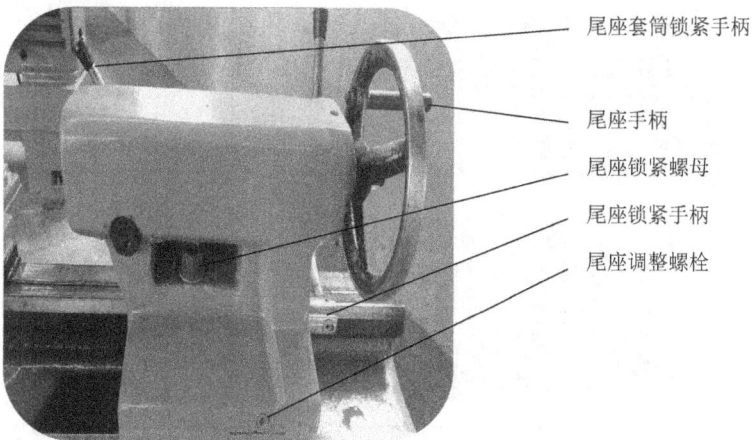

图 2-8　尾座

任务三 车床的日常保养

任务目标▶

1）了解车床的润滑方式。

2）初步具备润滑车床的技能。

3）能叙述车床一级保养的内容。

任务实施▶

1. 常用车床的保养

为了保证车床的加工精度、延长使用寿命、保证加工质量、提高生产效率，车工除了能熟练地操作车床外，还必须学会对车床进行合理的维护、保养。CA6140 型车床为常用车床，其润滑、维护和保养的操作方法如表 2-2 所示。

2. 车床一级保养的要求

通常，车床运行 500h 后，需要进行一级保养。保养工作以操作者为主，并在维修工人的配合下进行。保养时，须先切断电源，然后按要求进行。卧式车床一级保养的内容及要求如表 2-3 所示。

表 2-2　CA6140 型车床润滑、维护和保养的操作方法

部位	润滑点	方式	润滑步骤	润滑油
主轴箱	 油管 齿轮 油泵	油泵循环润滑和溅油润滑	1）启动电动机，观察主轴箱油窗内已有油输出 2）电动机空转 1min 使主轴箱内形成油雾，油泵循环润滑系统使各润滑点得到润滑后，主轴方可启动 3）如果油窗内没有油输出，说明润滑系统有故障，应立即检查断油原因。一般原因是主轴后端的三角形过滤器堵塞，应用煤油清洗	L-AN46 的全损耗系统用油

部位	润滑点	方式	润滑步骤	润滑油
进给箱和溜板箱	 进给箱 溜板箱油标	溅油润滑和油绳导油润滑	1）观察进给箱和溜板箱油标内的油面,应不低于中心线;否则,应向油箱注入新的润滑油 2）主轴低速空转 1～2min,使进给箱内的润滑油通过溅油润滑各齿轮,冬天尤其重要 3）进给箱还需用箱上部的储油槽通过油绳导油进行润滑。每班应用油壶给储油槽加一次油	
三杠轴颈	 后托架储油池注润滑油润滑 弹子油杯润滑 丝杠左端的弹子油杯润滑	油绳导油润滑和弹子油杯注油润滑	1）丝杠、光杠及操纵杠的轴颈润滑是通过后托架储油池内的油绳导油润滑方式实现的。每班应用油壶给储油池加一次油 2）用油壶对丝杠左端的弹子油杯进行注润滑油润滑	

部位	润滑点	方式	润滑步骤	润滑油
三杠轴颈	\n导轨润滑	油绳导油润滑和弹子油杯注油润滑		
床鞍、导轨面和刀架部分		浇油润滑和弹子油杯润滑	1）每班工作前后都要擦净床身导轨和中、小滑板的燕尾形导管\n2）用油壶浇油润滑各导轨表面\n3）摇动中滑板手柄，露出油盒并打开油盒盖，用油壶注满油盒（润滑点1）并盖好油盒盖\n4）每班应用油壶对刀架和中、小滑板丝杠轴颈处的弹子进行注油润滑	
尾座		弹子油杯润滑	每班用油壶对尾座上的弹子油杯（润滑点1和2）进行注油润滑	

续表

部位	润滑点	方式	润滑步骤	润滑油
交换齿轮箱的中间轮	 中间齿轮轴	油脂杯润滑	每班把交换齿轮箱中的中间齿轮轴头的螺塞拧紧一次，使轴内的润滑脂供应到轴与套之间进行润滑	2号钙基润滑脂

表 2-3　卧式车床一级保养的内容及要求

步骤	保养部位	保养内容及要求
1	外保养	1）清洗车床外表面及各罩盖，保持车床内外清洁，无黄袍、无锈蚀、无油污、无死角 2）清洗丝杠、光杠、操纵杠等外露精密表面，应无毛刺、无锈蚀 3）检查并补齐外部缺件，如各螺钉、手柄球、手柄等
2	主轴箱	1）检查主轴锁紧螺母有无松动，紧固螺钉是否拧紧 2）调整制动器及离合器摩擦片间隙 3）清洗过滤器，使其无杂质
3	交换齿轮箱	1）拆洗齿轮、轴套，并在油脂杯中注入新润滑脂 2）调整齿轮啮合间隙 3）检查轴套有无晃动现象 4）检查 V 带运动是否正常 5）检查 V 带张紧力是否合适，表面是否有裂纹
4	刀架部分	1）清洗导轨面，修光毛刺，清洗并调整镶条及压板，导轨毡垫应清洁且接触良好 2）拆洗刀架和中、小滑板，待洗净擦干后重新组装 3）调整中、小滑板与镶条及丝杠螺母的间隙
5	尾座	1）拆洗尾座，摇出尾座套筒，并擦净、涂润滑油，保持内外清洁 2）调整前、后顶尖，使其同轴
6	润滑系统	1）保证油路畅通，油窗和油标清晰、醒目 2）油杯齐全，油孔、油绳、油毡清洁，无切屑和杂质 3）油质、油量符合要求
7	冷却系统	1）清洗过滤网和盛液盘 2）切削液池无沉淀和杂质 3）管道畅通、整齐、固定牢靠 4）切削液无明显污染，质量符合要求
8	电气系统	1）检查急停按钮是否灵敏、可靠 2）检查行程开关、按钮功能是否正常，动作是否可靠 3）清扫电动机、电气箱上的灰尘和切屑 4）检查电动机运转是否正常，有无不正常的发热现象 5）检查电线、电缆有无破损 6）电气装置固定整齐
9	附件等	清洁、防锈、整齐、正常、可靠

知识链接▶

1. 车床润滑的作用

为了保证车床的正常运转，减少磨损，延长使用寿命，应对车床的所有摩擦部位进行润滑，并注意日常的维护保养。

2. 车床常用的润滑方式

1）浇油润滑：常用于外露的滑动表面，如床身导轨面和滑板导轨面等。

2）溅油润滑：常用于密闭的箱体中，如车床主轴箱中的转动齿轮将箱底的润滑油溅射到箱体上部的油槽中，然后经槽内油孔流到各润滑点进行润滑。

3）油绳导油润滑：常用于进给箱和溜板箱的油池中。利用毛线既易吸油又易渗油的特性，先通过毛线将润滑油引入润滑点，然后间断地滴油润滑。

4）弹子油杯注油润滑：常用于尾座、中滑板手柄及三杠（丝杠、光杠、开关杠）支架的轴承处。定期地用油枪端口油嘴压下油杯上的弹子，将润滑油注入；油嘴撤去，弹子恢复原位，封住注油口，以防尘屑入内。

5）油脂杯润滑：常用于交换齿轮箱挂轮架的中间轴或不便经常润滑处。事先在黄油杯中加满钙基润滑脂，需要润滑时，拧进油杯盖，杯中的润滑脂就被挤压到润滑点中。

6）油泵循环润滑：常用于转速高、需要大量润滑油连续强制润滑的场合，如主轴箱内许多润滑点就是采用这种方式。

任务四 认识车刀

任务目标▶

1）对于常用车床刀具有感性的认识。
2）了解刀具的材料和要求。
3）掌握刃磨的步骤和方法。

任务实施▶

1. 认识常用车刀的种类及用途

在车床上加工不同的部位需要采用不同的车刀，车刀的种类如表2-4所示。

表 2-4　常用车刀

车刀种类	车刀外形图	用途
90°车刀		车削工件外圆、台阶和端面
45°车刀		车削工件外圆、端面和倒角
切断刀		切断工件和切槽
内孔车刀		车削工件内孔
螺纹车刀		车削螺纹

2.　认识车削对刀具材料的要求

1）硬度：车刀车削部分的硬度必须高于被加工材料的硬度。

2）耐磨性：刀具在切削过程中要承受剧烈摩擦，因此必须具有较好的耐磨性。

3）强度和韧性：车削时车刀要能承受切削力和冲击力。

4）红硬性：在较高的温度中保持材料的硬度。

5）工艺性：应便于制造和推广使用。

3. 认识常见的各类车刀材料

在车床上，刀具材料决定了车刀可加工的范围，不同材料的车刀适合不同材料的加工，如表 2-5 所示。

表 2-5　常用的车刀材料

种类	图例	车刀材料
高速钢车刀		高速钢是含钨、钼、铬、钒等合金元素较多的工具钢，可耐 600℃ 左右的高温。高速钢韧性较好，常用于承受冲击较大的场合，适合制造各种复杂的成形刀具，如成形车刀、钻头、铣刀、铰刀等
硬质合金焊接车刀		硬质合金是用钨和钛的碳粉化合物粉末加钴作为黏结剂，高压压制成形后再高温烧结而成的粉末冶金制品。硬质合金硬度较大，一般为 89～94RHA，耐热性为 800～1000℃。其缺点是韧性较差。硬质合金刀具是目前应用最广泛的一种车刀材料
涂层车刀		涂层车刀是一种新型刀具，常用于数控车床。涂层车刀是在较软的高速钢或硬质合金的基体上涂一层耐磨性、耐高温性都较好的 Al_2O_3（三氧化二铝、氧化铝）

4. 刀具的刃磨

现以 90° 外圆车刀为例，练习车刀的刃磨方法。45° 车刀和 75° 车刀与 90° 车刀的刃磨方法基本相同。

（1）准备工作

1）刀具：90° 硬质合金焊接车刀一把。

2）设备：砂轮机若干台。

3）砂轮的使用：针对刃磨 90° 焊接车刀的不同部位，选用不同的砂轮。

4）量具及油石：角度样板、车刀量角台、油石。

（2）刃磨步骤

1）粗磨。

步骤1：磨去车刀前面、后面的焊渣，并将车刀底面磨平。

步骤2：粗磨刀柄部分的主后面和副后面。

在略高于砂轮中心的水平位置处，将车刀翘起比后角大 2°～3° 的角度，粗磨刀柄部分的主后面和副后面，如图 2-9 所示，以形成后隙角，为刃磨车刀切削部分的主后面和副后面做准备。

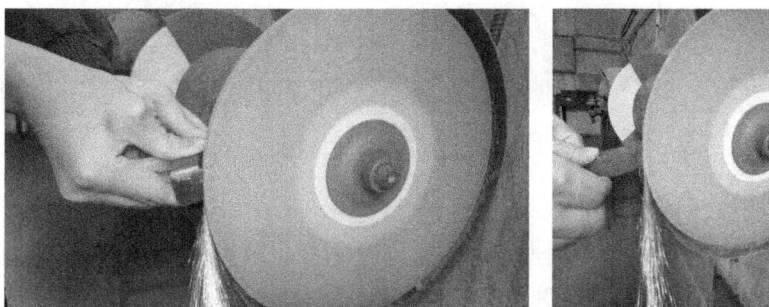

图 2-9　刀柄部分的主后面和副后面

步骤3：粗磨切削部分的主后面。

使刀柄与砂轮轴线保持平行，刀柄底平面向砂轮方向倾斜一个比主后角大 2°～3° 的角度。刃磨时，将车刀刀柄上已磨好的主后隙面靠在砂轮的外圆上，以接近砂轮中心的水平位置为刃磨的起始位置，然后使刃磨位置继续向砂轮靠近，并左右缓慢移动，一直磨至刀刃处为止。同时磨出主偏角 $\kappa_r=90°$ 和主后角 $\alpha_o=9°$，如图 2-10 所示。

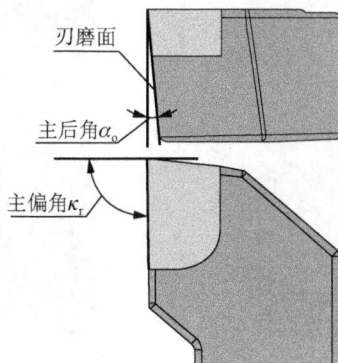

图 2-10　刃磨主后刀面

步骤4：粗磨切削部分的副后面。

使刀柄尾端向右偏摆，转过副偏角 $\kappa_r'=8°$，刀柄底平面向砂轮方向倾斜一个比副后角大 2°～3° 的角度，刃磨方法与刃磨主后面相同，但应磨至刀尖处停止。同时，磨出副偏角 $\kappa_r'=8°$ 和副后角 $\alpha_o'=9°$，如图 2-11 所示。

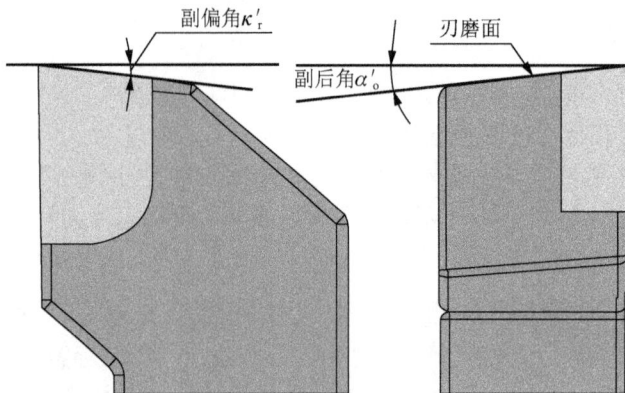

图 2-11　刃磨副后刀面

步骤 5：粗磨、精磨前面。

在砂轮的外圆处粗、精磨车刀的前面，同时磨出前角 γ_{o}，如图 2-12 所示。

【注意】一般不用砂轮端面磨削车刀的前面。

2）刃磨断屑槽。手工刃磨断屑槽一般为圆弧形。刃磨时，刀尖可以向下或向上磨，如图 2-13 所示，同时磨出前角 γ_{o}=15°，但是选择刃磨断屑槽部位时，应考虑留出倒棱的宽度。

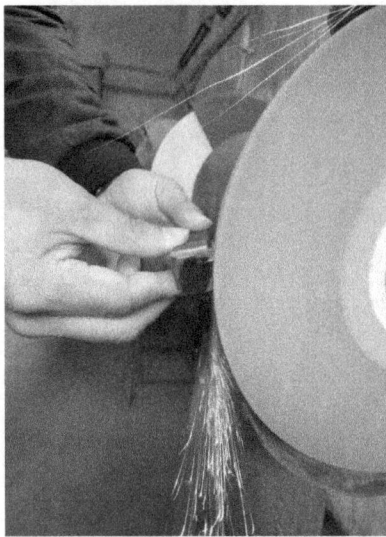

图 2-12　粗磨、精磨前面

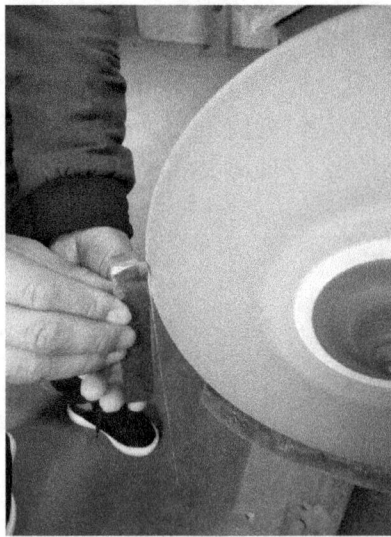

图 2-13　刃磨断屑槽

3）精磨。精磨时选用粒度号为 180 号或 220 号的绿色碳化硅砂轮，应先修整砂轮，保证其回转平稳。

步骤 1：精磨主后面和副后面。

刃磨时将车刀底平面靠在调整好角度的托架上，使切削刃轻轻靠在砂轮端面上，并沿

端面缓慢地左右移动，保证车刀刃口平直，同时保证主后角 α_o 和副后角 α_o' 的角度。

步骤 2：磨负倒棱。

刃磨负倒棱有直磨法和横磨法两种，如图 2-14 所示。刃磨时用力要轻，要从主切削刃的后端向刀尖方向摆动，保证倒棱前角 $\gamma_{o1}=-5°$，倒棱宽度为 0.5mm。为保证切削刃的质量，最好采用直磨法。

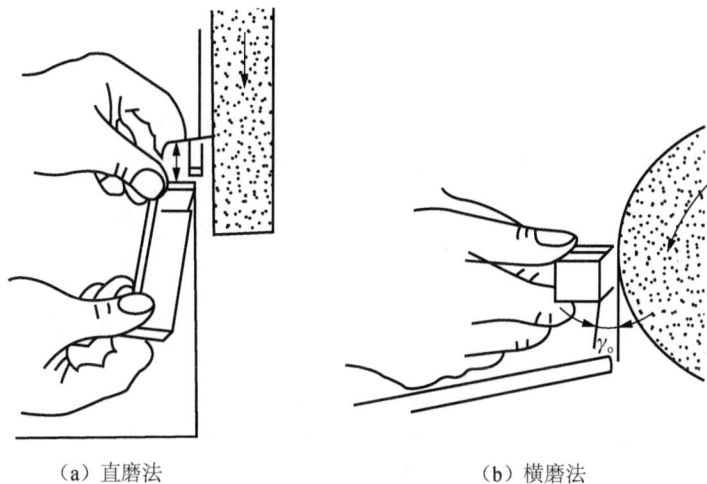

（a）直磨法　　　　　　　　　（b）横磨法

图 2-14　刃磨负倒棱

步骤 3：磨过渡刃，保证刀尖圆弧半径 R 为 1～2mm。

刃磨圆弧形过渡刃时，在车刀刀尖与砂轮端面轻微接触后，刀杆基本上以刀尖为圆心，在主、副切削刃与砂轮端面的夹角大致为 15° 的范围内，缓慢均匀地转动车刀，此时，用力要轻，推进要慢，直到磨出符合刀尖圆弧半径的要求为止。

4）研磨。用油石研磨车刀时，手持油石在切削刃上来回移动，动作要平稳，用力要均匀，研磨后的车刀应消除在砂轮上刃磨时残留的痕迹。

模块二

技能训练，实践精加工

通过模块一的训练学习，学生已对车间、车床及相关行业有了一定的认识。

本模块将带领学生完成回转体零件由易到难、由简单台阶轴加工到含有成形面的复杂零件加工的练习，在各个预设零件的加工过程中，熟悉机床的使用方法，掌握各种刀具、量具的使用方法，最终达到进入工作岗位后能够独立完成工作要求的目标。

项目三

轴类零件的加工

最终目标 《《《

能够熟练地加工轴类零件。

促成目标 《《《

1. 掌握外圆和端面车削的加工方法。
2. 掌握台阶轴车削的加工方法。
3. 掌握锥度车削的加工方法。
4. 掌握外圆切槽与切断车削的加工方法。

任务一 外圆和端面的车削

任务目标▶

1）具备根据图样要求制定工艺分析的能力。
2）熟悉外圆和端面加工的操作步骤。

任务实施▶

1. 零件图样

零件图样如图 3-1 所示。

2. 加工工艺分析

1）装夹工件伸出部位长 35mm 左右，找正夹紧。

技术要求
1. 未注倒角C2；
2. 锐角倒钝。

序号	任务名称	训练内容	材料	规格
练 3-1	外圆和端面的车削	外圆及端面	45 钢	$\phi45\times60$

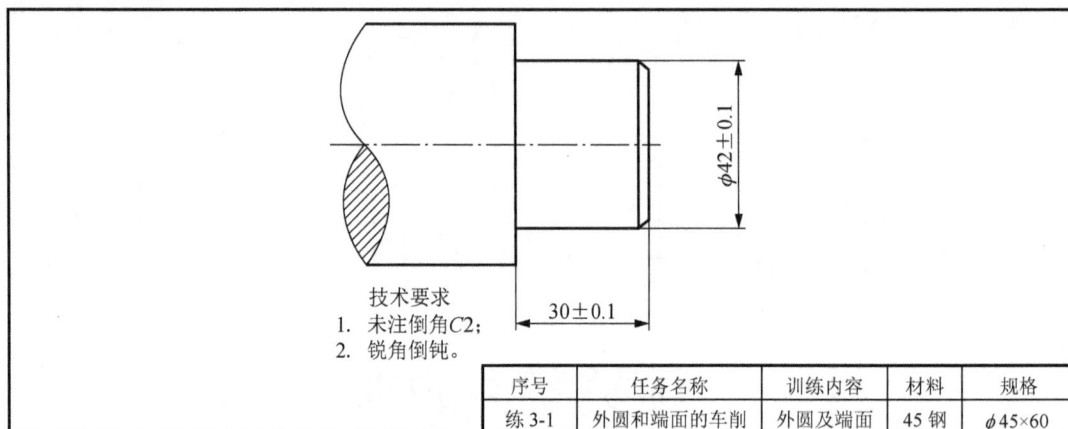

图 3-1　零件图样

2）粗精车端面。

3）粗车毛坯外圆 ϕ42.5 mm，长度为 29.5 mm。

4）精车外圆 ϕ42±0.1 mm，长度为 30±0.1 mm。

5）锐角倒钝 C2。

6）检验。

3．加工步骤

外圆和端面车削的加工步骤如表 3-1 所示。

表 3-1　外圆和端面车削的加工步骤

步骤序号	图示	备注
1		装夹车刀，刀尖与主轴中心等高
2		刀头伸出部分 L 为车刀刀头厚度 d 的1～1.5倍，即 $L=(1\sim1.5)d$

续表

步骤序号	图示	备注
3		车削端面
4		可以用钢直尺或卡尺控制长度，用刀尖在工件外圆处划出尺寸界线
5		粗车外圆，车至划线位置
6		测量工件的长度是否符合零件图样的要求，不符合的要做及时的修整
7		调整中滑板刻度盘，精车外圆

步骤序号	图示	备注
8		对外圆进行精车前的试车削
9		纵向车削 2mm 左右时停车,利用游标卡尺测量
10		如果测量不合格则继续进行试车削,直至合格,然后自动进给车削外圆。当自动进给即将至终点时改自动为手动,以避免撞到卡盘而发生危险
11		倒角,完成零件加工

4. 零件的检测与评价

工件加工结束后要进行检测,并对工件进行误差与质量分析,将结果填入表 3-2 中。

表 3-2　任务检测评价表

任务内容	外圆和端面的车削			任务序号	练 3-1
检测项目	检测内容	配分	自评	小组评	教师评	总得分
外圆	$\phi 42\pm0.1$ mm	15				
长度	30 ± 0.1 mm	5				
倒角	倒角 $C2$	3				
工具设备的使用及维护	工具、量具、刀具的正确使用与维护	2				
	设备的正确使用与保养	2				
	操作的规范性	3				
总配分		30				

5. 注意事项

1）车刀必须对准工件的旋转中心。例如，若工件端面留有凸台，则是 45°刀尖没有对准中心，偏高或偏低。

2）变换转速时应先停车后变换，否则容易打坏主轴箱内的齿轮。

3）车削前应检查工件是否装夹牢固，卡盘扳手是否取下。

4）车削工件时应先开车后进刀，车削结束时应先退刀后停车，否则容易损坏车刀。变换刀架时应远离工件，防止车刀打坏。

5）车削时，应注意力集中，防止滑板与刀架相撞等事故的发生。

6）摇动中滑板进行车削时，应注意消除中滑板的空行程，防止产生机床误差。

7）利用游标卡尺进行测量时，应先拧松紧固螺钉，移动游标不能用力过猛，两量爪与待测物的接触不宜过紧，不能使被夹紧的物体在量爪内移动。

8）利用千分尺进行测量时，应把测量杆擦干净，并检查是否有磨损，零件必须在测量杆中心测量（即测量杆要通过零件的直径），并且用力要均匀，轻轻旋转棘轮。

9）测量时，应关掉主电机，防止发生意外。

知识链接 ▶

1. 相关工艺知识

（1）切削用量的选择

切削用量又称切削 3 要素，包括背吃刀量、进给量和切削速度。

1）背吃刀量（a_p）：指车削时零件上已加工表面和待加工表面的垂直距离，车削外圆时背吃刀量为

$$a_p=(d_w-d_m)/2$$

式中　a_p——背吃刀量，mm；

d_w——待加工表面直径，mm；

d_m——已加工表面直径，mm。

2）进给量（f）：指车削时零件每转动一周车刀沿进给方向进给的距离。

3）切削速度（v_c）：指在切削时主运动的线速度，计算公式为

$$v_c = \pi n d_w / 1000$$

式中　v_c——切削速度，m/min；

n——主轴转速，r/min；

d_w——零件的待加工表面直径，mm。

从切削速度的表达式中可以看出，当 n 一定时，v 和 d_w 成正比，直径大时切削速度大，直径小时，切削速度小。

一般情况下，粗加工时应选择较大的背吃刀量和进给量，切削速度不能很高。精加工时，应以保证加工精度和表面的质量为主。用硬质合金刀具时，应选择较小的背吃刀量和进给量，以及较大的切削速度；对于高速钢刀具，则选择较小的切削速度。

（2）车刀的装夹

为了使车刀刀尖对准工件中心，通常采用下列几种方法。

1）根据车床主轴中心的高度，用钢直尺测量法，如图 3-2（a）所示。

2）利用尾座顶尖检查，保证刀尖与顶尖同高，如图 3-2（b）所示。

（a）用钢直尺检查　　　　　　　　　　（b）用尾座顶尖检查

图 3-2　检查车刀中心高度

3）利用目测高度的方法，使刀尖靠近工件端面，然后夹紧试车，再根据端面中心高度调整车刀。

装夹车刀时应注意的两个方面：一是车刀刀尖应与工件中心等高，车刀刀尖高于工件轴线会使车刀的实际后角减小，车刀后面与工件之间的摩擦增大；车刀刀尖低于工件轴线会使车刀的实际前角减小，切削阻力增大；若刀尖不对准中心，则车至端面中心时会留有凸头；使用硬质合金车刀时，若忽视此点，则车到中心处时可能使刀尖崩碎。二是车刀装在车刀架上伸出部分的长度应尽量短，一般为刀柄厚度的 1～1.5 倍，两个螺钉平整压紧，以防振动。

（3）工件的装夹

1）装夹方法。

① 单动卡盘装夹：由 4 个各不相关的卡爪组成，装夹过程中偏差较大，必须找正后才能车削。

② 自定心卡盘装夹：由 3 个有关系的卡爪组成，只要旋一个卡爪就能带动其他 2 个一起做向心或离心移动，装夹过程中偏差较小，但也需要找正以后才能车削。

2）装夹与找正。

① 根据工件装夹部位的大小调整卡爪，然后装夹工件并轻夹。

② 工件的装夹部位不能有缺陷或特殊形状，如凹凸不平及圆弧、螺纹、锥度、扁形、方形等。

③ 找正工件时，主轴要放在空挡，卡爪不能夹得太紧。

④ 粗找正时，只需用目测来进行校正。精找正要运用百分表，用铜棒校正。

⑤ 找正工件时要仔细耐心，不急躁，并要注意安全，找正结束后夹紧工件。

2. 端面和外圆的车削方法

（1）车端面

完成机床启动前的准备工作后，启动车床使工件旋转起来，用手动方式移动大、中滑板至工件外圆表面与端面处；调整大、小滑板使车刀能切削到端面的最凹处。选择手动或机动使中滑板做横向进给直至车削到工件中心，然后纵向退刀，再横向退刀，最后停车，端面车削结束，如图 3-3 所示。

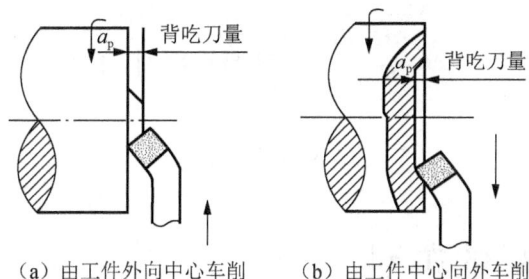

（a）由工件外向中心车削　　（b）由工件中心向外车削

图 3-3　横向进给车端面

（2）车外圆

外圆车削时，分划线、试切和试测量、加工 3 个阶段。为了保证车削工件的长度尺寸，通常在车削前根据图样要求，用钢直尺、卡钳或大滑板刻度控制长度，用刀尖在工件表面上车一条线痕，如图 3-4 所示，然后进行车削。停车后用游标卡尺测量长度是否符合图样要求，若不符合，则在车第二刀时根据需要进行调整，以满足图样要求。

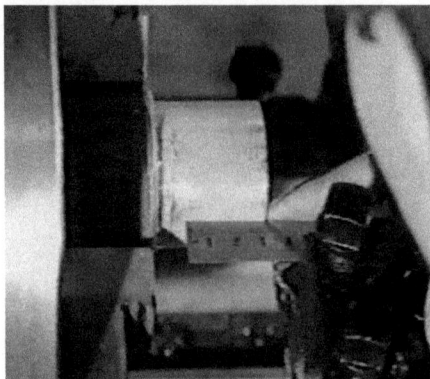

（a）用钢直尺刻线痕　　　　　　　　（b）用内卡钳在工件上刻线痕

图 3-4　刻线确定车削长度

　　车削外圆时，一般要进行试切削和试测量。方法如下：根据工件直径余量的一半横向进刀，纵向车削 1～2mm 时，横向不动纵向快速退出，停车测量，如尺寸符合图样要求，再继续加工。否则，用上述方法继续调整试切削余量并测量直到尺寸符合图样要求为止，如图 3-5 所示。试切削测量时，如尺寸符合图样要求，可选择手动或机动纵向进给，当车削到所需部位时，先退中滑板再退大滑板使车刀远离工件，然后停机并检验尺寸。

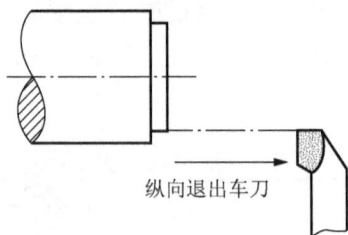

纵向退出车刀

图 3-5　试切削外圆

任务二　台阶轴的车削

任务目标▶

　　1）掌握台阶轴面的车削方法。

　　2）掌握台阶轴长度的控制方法。

　　3）掌握台阶轴长度的检测方法。

任务实施 ▶

1. 零件图样

零件图样如图 3-6 所示。

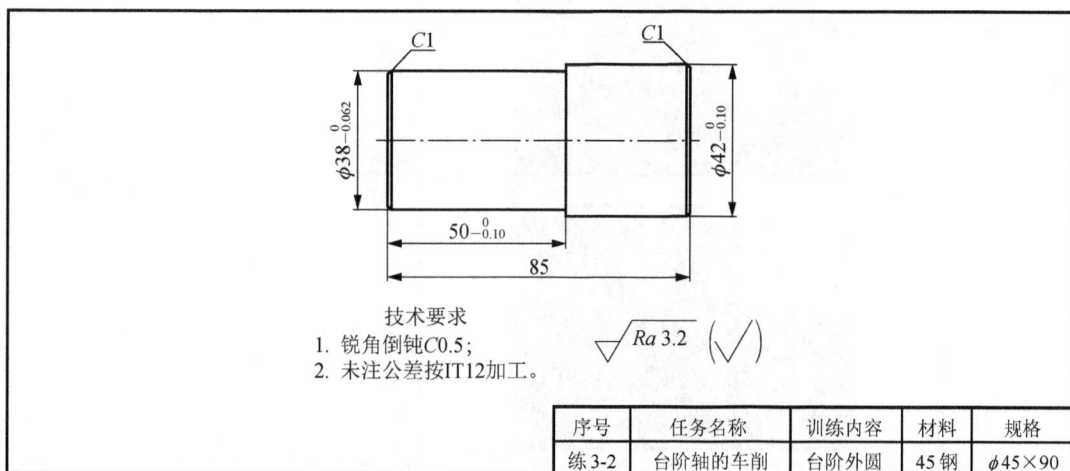

技术要求
1. 锐角倒钝C0.5；
2. 未注公差按IT12加工。

$\sqrt{Ra\,3.2}$ ($\sqrt{}$)

序号	任务名称	训练内容	材料	规格
练3-2	台阶轴的车削	台阶外圆	45钢	$\phi 45 \times 90$

图 3-6　零件图样

2. 加工工艺分析

1）装夹工件伸出部位长 40mm 左右，找正夹紧。

2）粗精车端面。

3）粗车 $\phi 45$mm 外圆至 $\phi 42.5$ mm。

4）精车外圆 $\phi 42_{-0.10}^{0}$ mm。

5）倒角 C1。

6）掉头垫铜片装夹。

7）车端面并控制总长为 85mm。

8）粗车 $\phi 45$mm 外圆至 $\phi 38.5$ mm，控制台阶轴长为 $50_{-0.10}^{0}$ mm。

9）精车外圆 $\phi 38_{-0.062}^{0}$ mm。

10）锐角倒钝。

11）检验。

3. 加工步骤

台阶轴车削的加工步骤如表 3-3 所示。

表 3-3　台阶轴车削的加工步骤

步骤序号	图示	备注
1		测量毛坯工件
2		装夹零件，伸出部分长 40mm 左右
3		找正并夹紧零件
4		装夹并找正车刀
5		车削零件端面

步骤序号	图示	备注
6		粗车零件外圆至 ϕ 42.5 mm
7		检测粗车后外圆，留有一定的精车余量
8		精车前试车削外圆
9		测量试车削外圆尺寸
10		尺寸合格后，进行外圆精车削至 $\phi42_{-0.10}^{0}$ mm

续表

步骤序号	图示	备注
11		换45°车刀对外圆右端倒角 C1
12		掉头垫铜片找正并夹紧零件
13		测量零件长度，准备控制零件总长
14		车削端面并控制零件总长度为85mm
15		控制总长的同时合理控制各台阶轴长度

续表

步骤序号	图示	备注
16		粗车削外圆至$\phi 38.5$mm，留精车余量
17		精车外圆前进行试车削
18		测量试车削部分
19		开车自动精车削外圆至$\phi 38_{-0.062}^{0}$ mm，长 $50_{-0.10}^{0}$ mm，倒角 $C1$ 方法同步骤 11
20		利用游标卡尺测量工件外圆

续表

步骤序号	图示	备注
21		利用游标卡尺测量台阶轴长度
22		测量合格后卸下零件
23		完成后的零件

4. 零件的评价与检测

工件加工结束后要进行检测，并对工件进行误差与质量分析，将结果填入表 3-4 中。

表 3-4　台阶轴车削任务检测评价表

任务内容	台阶轴的车削			任务序号	练 3-2	
检测项目	检测内容	配分	自评	小组评	教师评	总得分
外圆一	$\phi38^{-0}_{-0.062}$ mm	12				
外圆二	$\phi42^{-0}_{-0.10}$ mm	12				
长度一	$50^{-0}_{-0.10}$ mm	8				
长度二	85mm	8				
其他	倒角 C1	2				
	倒角 C0.5	2				
	安全文明实习	5				

续表

检测项目	检测内容	配分	自评	小组评	教师评	总得分
工具设备的使用及维护	工具、量具、刀具的正确使用与维护	3				
	设备的正确使用与保养	3				
总配分		55				

5. 注意事项

1）台阶平面和外圆相交处要清角，防止产生凹坑和小台阶。

2）多台阶工件的长度测量，应从一个基面量起，以防累计误差。

3）平面与外圆相交处若出现较大的圆弧，其原因是刀尖圆弧较大或刀尖磨损。

4）使用游标卡尺测量时，卡脚应和测量面贴平，以避免因卡脚歪斜而产生测量误差。

5）卡盘尚未停止，不能用测量工具测量零件。

知识链接▶

1. 台阶外圆的车削

台阶外圆是指在同一工件上由几个直径大小不同的圆柱体连接在一起的像台阶一样的外圆。为了保证台阶面与轴心线垂直，主偏角应装得略大一些，一般为 93°，其车削方法与外圆的车削方法一样。

2. 倒角

端面、外圆车削到要求尺寸后，用 45° 车刀或使外圆车刀刀尖与工件成 45°，移动大、中滑板使车刀移动到工件外圆各端面相交处，然后根据图样要求进行倒角。C1 是指在外圆的轴向长度车出 1 mm 长并呈 45° 的斜角，如图 3-7 所示。

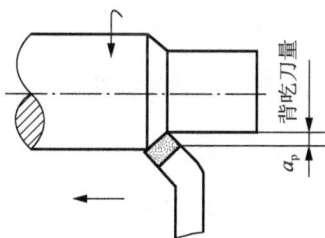

图 3-7　倒角

任务三 锥度的车削

任务目标▶

1）掌握用小滑板法车削外圆锥面的操作方法。
2）掌握控制和检测圆锥面的方法。

任务实施▶

1. 零件图样

零件图样如图 3-8 所示。

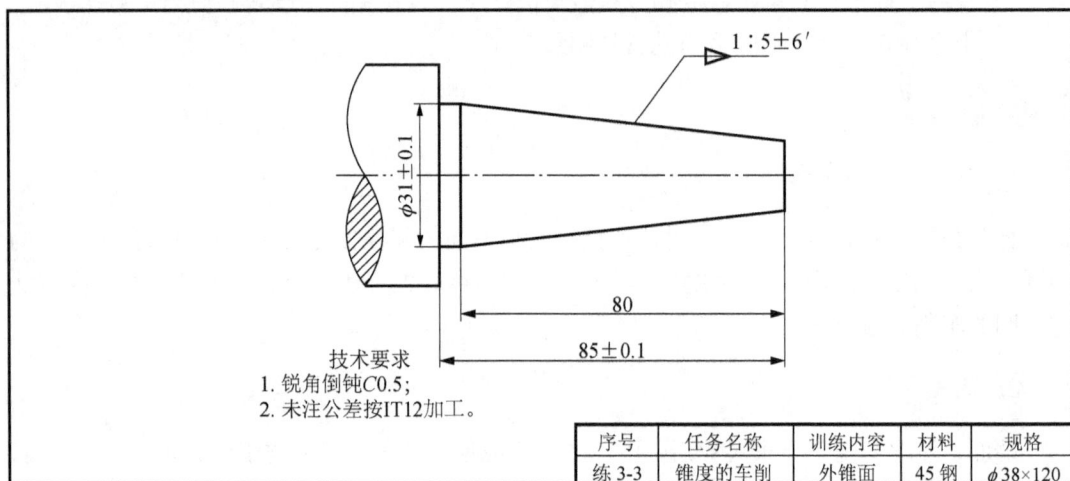

技术要求
1. 锐角倒钝C0.5；
2. 未注公差按IT12加工。

序号	任务名称	训练内容	材料	规格
练 3-3	锥度的车削	外锥面	45 钢	$\phi38\times120$

图 3-8　零件图样

2. 加工工艺分析

1）装夹工件伸出部位长 90mm 左右，找正夹紧。
2）粗精车端面。
3）粗精车外圆$\phi31\pm0.1$mm，长度为 85±0.1mm。
4）粗精车外圆锥 1：5±6′，保证锥长 80mm。
5）倒角 C0.5。
6）检验。

3. 加工步骤

外圆锥面车削的加工步骤如表 3-5 所示。

表 3-5　外圆锥面车削的加工步骤

步骤序号	图示	备注
1		装夹零件并车外圆至 $\phi 31\pm 0.1$mm，控制加工长度，长度为 85 ± 0.1mm（加工方法可参照项目三任务二的加工步骤）
2		调整小滑板松紧度
3		松开小滑板两侧螺母，逆时针转动小滑板
4		根据零件图样计算出 1：5 的锥度，小滑板应转的角度为 $5°42'38''$。调整后固定好小滑板

步骤序号	图示	备注
5		根据工件长度调整小滑板行程长度，避免车刀车不到零件尾部，影响加工
6		进行试车削，装刀时车刀刀尖要严格对准零件中心
7		圆锥车削不可能一次车削成功，所以要进行不断地调整及试车削
8		利用游标万能角度尺测量锥度

步骤序号	图示	备注
9		通过游标万能角度尺的测量，不断地调整小滑板的角度
10		经过试车削调整好角度，手动转动小滑板继续车削外圆锥
11		利用游标卡尺测量断面直径并判断是否加工完成
12		用游标万能角度尺检测加工的零件角度是否合格（只适用于精度不高的零件测量）

步骤序号	图示	备注
13		顺着锥体母线，相隔 180°涂上两条显示剂
14		用套规在工件上转动，不要超过半圈
15		若摩擦痕迹没有达到 50%以上，则视为锥度不合格，需重新调整小滑板角度
16		当车出来的锥度，接触面摩擦痕迹超过 50%，即为锥度合格

4. 零件的评价与检测

工件加工结束后要进行检测，并对工件进行误差与质量分析，将结果填入表3-6中。

表 3-6 锥度车削任务检测评价表

任务内容	锥度的车削		任务序号		练 3-3	
检测项目	检测内容	配分	自评	小组评	教师评	总得分
外圆	$\phi 31 \pm 0.1$mm	10				
长度一	85 ± 0.1mm	5				
长度二	80mm	5				
锥度	$1:5 \pm 6'$	10				
其他	倒角 C0.5	2				
	安全文明实习	5				
工具设备的使用及维护	工具、量具、刀具的正确使用与维护	3				
	设备的正确使用与保养	3				
	操作的规范性	2				
	总配分	45				

5. 注意事项

1）车刀刀尖必须严格对准工件的旋转中心，避免产生双曲线误差。

2）小滑板不宜过松或过紧。利用转动小滑板法车削圆锥时，转动的角度应稍大于圆锥半角，然后逐步找正。

3）用圆锥套规检查时，套规和工件表面均需用绢绸擦干净；工件的表面粗糙度必须小于 3.2μm，并去飞边；涂色要薄而均匀；转动量应在半圈以内，不可来回旋转。

4）用游标万能角度尺检测角度时，两条测量边一定要通过工件的中心，防止出现测量误差。

5）转动小滑板车削圆锥时，双手要均匀转动小滑板；车刀刀刃要保持锋利，工件表面应一刀车出。

知识链接 ▶

1. 相关工艺知识

（1）圆锥的应用及特点

在机床和工具中，有许多使用圆锥配合的场合，如车床主轴锥孔与顶尖的配合、车床尾座锥孔与麻花钻锥柄的配合等，如图 3-9 所示。常见的圆锥零件有圆锥齿轮、锥形主轴、带锥孔齿轮、锥形手柄等，如图 3-10 所示。

（2）圆锥的各部分名称及尺寸计算

1）圆锥表面和圆锥。圆锥表面是由与轴线成一定角度且一端相交于轴线的一条直线段（母线），绕该轴线旋转一周所形成的表面，如图 3-11 所示。由圆锥表面和一定轴向尺寸、径向尺寸所限定的几何体，称为圆锥。

2）圆锥的基本参数。圆锥的基本参数如图 3-12 所示。

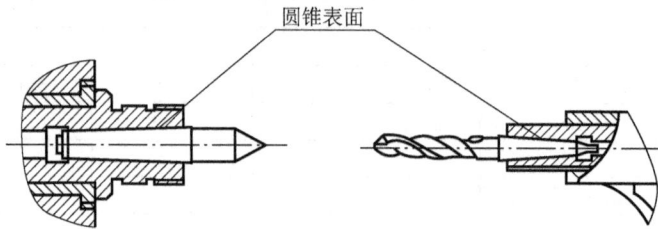

圆锥表面

图 3-9 圆锥零件配合实例

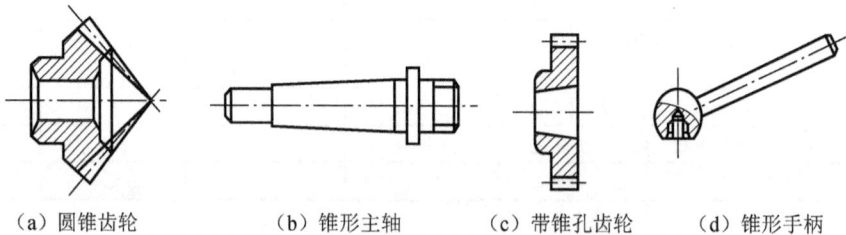

（a）圆锥齿轮　　　　（b）锥形主轴　　　（c）带锥孔齿轮　　（d）锥形手柄

图 3-10 常见的圆锥零件

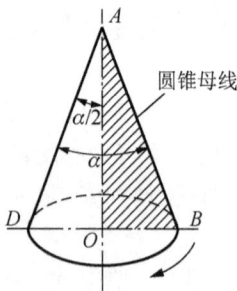

图 3-11 圆锥

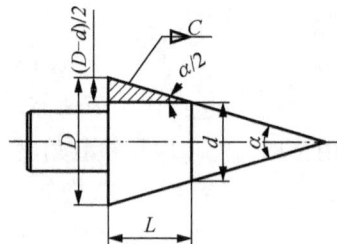

图 3-12 圆锥的基本参数

① 圆锥半角 $\alpha/2$：圆锥角 α，即在通过圆锥轴线的截面上两条素线间的夹角。在车削时经常用到的是圆锥角 α 的一半即圆锥半角 $\alpha/2$。

② 最大圆锥直径 D：简称大端直径。

③ 最小圆锥直径 d：简称小端直径。

④ 圆锥长度 L：最大圆锥直径处与最小圆锥直径处的轴向距离。

⑤ 锥度 C：圆锥大、小端直径之差与长度之比。

（3）标准工具圆锥

常用的标准工具圆锥有以下两种。

1）莫氏圆锥。莫氏圆锥是机器制造业中应用最广泛的一种，如车床主轴孔、顶尖、钻头柄、铰刀柄等都用莫氏圆锥。莫氏圆锥分为 7 个号码，即 0、1、2、3、4、5、6，最小的是 0 号，最大的是 6 号。莫氏圆是从英制换算而来。号数不同时，圆锥半角也不同。

2）米制圆锥。米制圆锥有 8 个号码，即 4、6、80、100、120、140、160、200。它的号码指大端的直径，锥度固定不变，即 C=1∶20。例如，100 号米制圆锥，它的大端直径是 100mm，锥度 C=1∶20。米制圆锥的优点是锥度不变、记忆方便。

（4）车削圆锥常用的 4 种方法

因圆锥既有尺寸精度要求，又有角度要求，因此，在车削中要同时保证尺寸精度和圆锥角度准确。一般首先保证圆锥角度，然后精车控制其尺寸精度。车外圆锥面主要有转动小滑板法、偏移尾座法、仿形法和宽刃刀切削法 4 种。

1）转动小滑板法。将小滑板转动一个圆锥半角，使车刀移动的方向和圆锥素线的方向平行，即可车出外圆锥，如图 3-13 所示。用转动小滑板法车削圆锥面操作简单，可加工任意锥度的内、外圆锥面。但加工长度受小滑板行程限制，且需要手动进给，劳动强度大，工件表面质量不高。

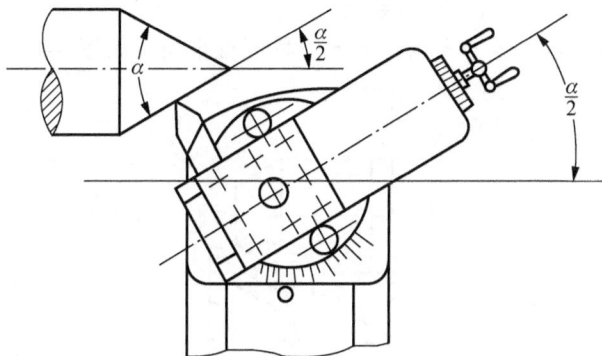

图 3-13 转动小滑板法车削圆锥

2）偏移尾座法。车削锥度较小而圆锥长度较长的工件时，应选用偏移尾座法。车削时将工件装夹在两顶尖之间，将尾座横向偏移一段距离 S，使工件旋转轴线与车刀纵向进给方向相交成一个圆锥半角，如图 3-14 所示，即可车出正确外圆锥。采用偏移尾座法车外圆锥时，尾座的偏移量不仅与圆锥长度有关，而且与两顶尖之间的距离（工件长度）有关。

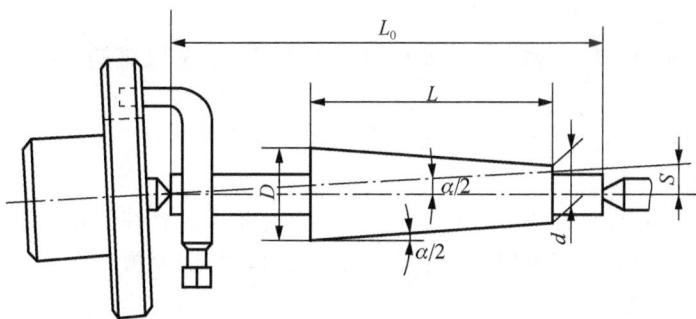

图 3-14 偏移尾座法车削圆锥

3）仿形法。仿形法（又称靠模法）是指刀具按仿形装置（靠模）进给车削外圆锥的方

法，如图 3-15 所示。

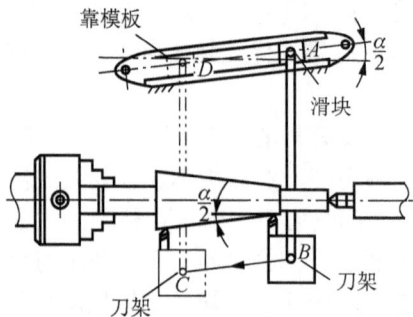

图 3-15　仿形法车削圆锥

4）宽刃刀切削法。在车削较短的圆锥时，也可以用宽刃刀直接车出。宽刃刀的切削刃必须平直，切削刃与主轴轴线的夹角应等于工件圆锥半角，如图 3-16 所示。

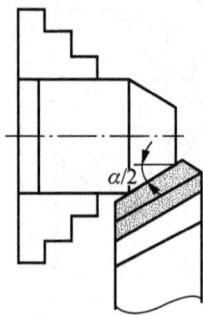

图 3-16　宽刃刀切削法车削圆锥

2. 锥度的测量方法

圆锥的检测主要是指圆锥角度和尺寸精度的检测。车工操作中常用游标万能角度尺或角度样板检测圆锥角度，用锥形套规或正弦规检测圆锥尺寸精度。

（1）角度的检测

1）用游标万能角度尺检测。使用游标万能角度尺测量外圆锥的方法，如图 3-17 所示。使用时要注意：

① 按工件要求的角度，调整游标万能角度尺的测量范围。

② 工件表面要清洁。

③ 测量时，游标万能角度尺应通过工件的旋转中心，并且基尺要与工件的测量基准面吻合，测量尺要透光检查；当圆锥小端碰到测量尺时，说明该角度小了；当圆锥大端碰到测量尺时，说明该角度大了。

2）用角度样板检测。在成批和大量生产时，可用专用的角度样板来测量工件，如图 3-18 所示。

（a）0°～50°工件　　（b）50°～140°工件　　（c）140°～230°工件　　（d）230°～320°工件

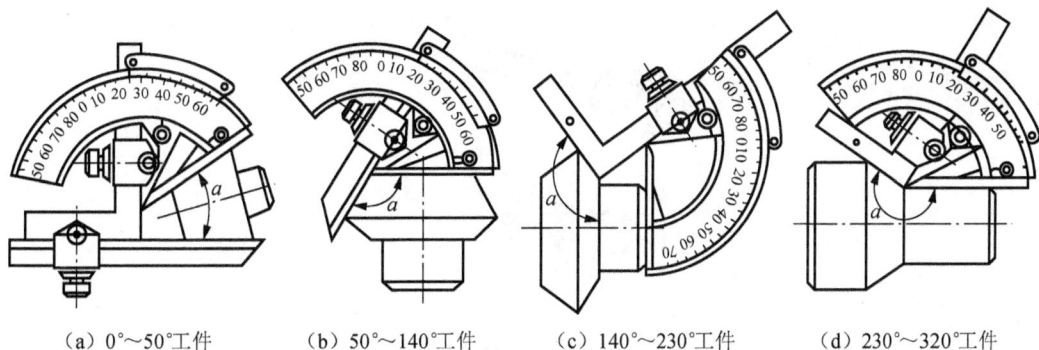

图 3-17　用游标万能角度尺检测外圆锥的方法

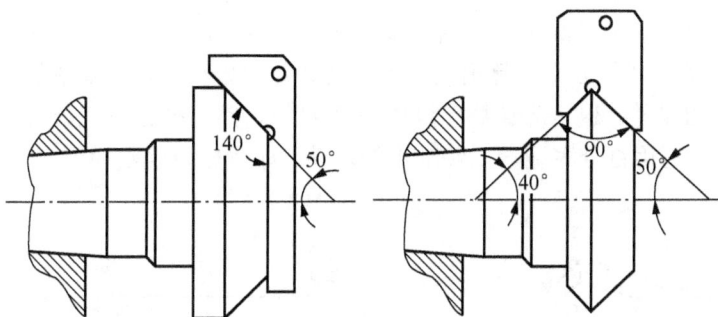

图 3-18　用角度样板检测外圆锥的方法

（2）圆锥尺寸精度的检测

1）用锥形套规检测。

① 在工件的圆周上，沿着圆锥素线薄而均匀地涂上 3 条显示剂（显示剂为印油、红丹粉和润滑油等的调和物），如图 3-19 所示。

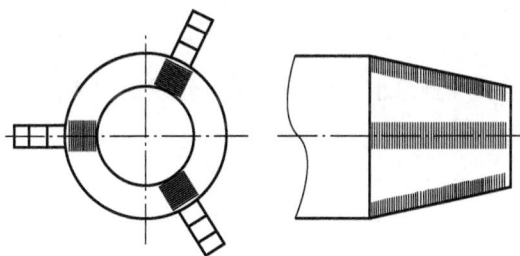

图 3-19　涂色法

② 手握套规轻轻地套在工件上，稍加轴向推力并将套规转动半周，如图 3-20 所示。

③ 取下套规，观察工件表面显示剂被擦去的情况。如果接触部位很均匀，说明锥面接触情况良好，锥度正确。假如小端擦去，大端没擦去，说明圆锥角大了；反之，则说明圆锥角小了。

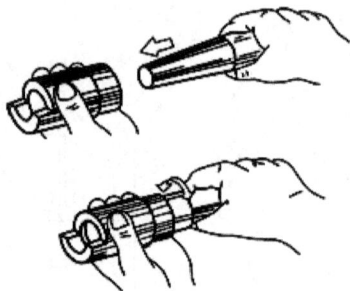

图 3-20　套规检测外圆锥的方法

2）用正弦规检测。在平板上放一把正弦规，将工件放在正弦规的平面上，下面垫进量块，然后用百分表检查工件圆锥的两端高度，如百分表的读数值相同，则记下正弦规下面量块组的高度 H 值，代入公式计算出圆锥角。将计算结果和工件所要求的圆锥角相比较，便可得出圆锥角的误差。也可先计算出量块高度 H 值，然后把正弦规一端垫高，将工件放在正弦规平面上，再用百分表测量工件圆锥的两端，如百分表读数相同，则说明锥度正确，如图 3-21 所示。

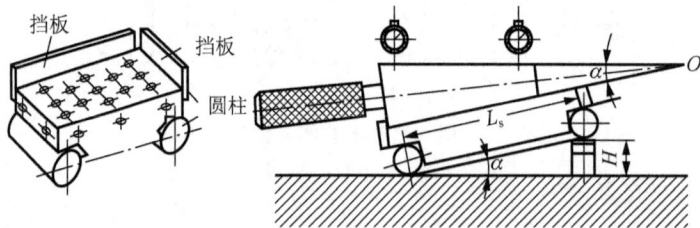

图 3-21　用正弦规检测外圆锥的方法

3. 精车外圆锥时控制锥面尺寸的方法

（1）计算法

首先用钢直尺或游标卡尺测量出工件小端面至套规过端界限面的距离 a，如图 3-22 所示，用计算法计算出背吃刀量 a_p：

$$a_p = a \tan \frac{\alpha}{2}$$

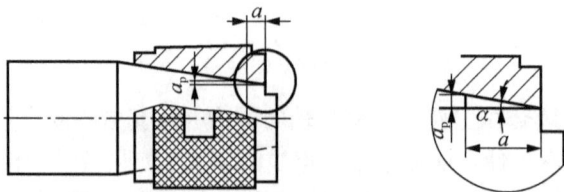

图 3-22　距离 a 的图示

然后移动中、小滑板，使刀尖轻触工件圆锥小端外圆表面后退出，中滑板按 a_p 值进切，小滑板手动进给精车圆锥面至要求尺寸，如图 3-23 所示。

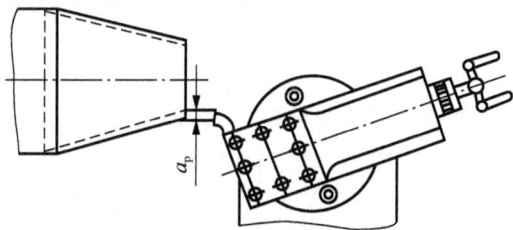

图 3-23　用计算法车圆锥尺寸

（2）移动床鞍法

首先用钢直尺或游标卡尺测量出工件端面至套规过端界限面的距离 a，如图 3-24（a）所示；接着让车刀与工件小端端面接触，移动小滑板，使车刀沿轴向离开工件端面一个 a 值的距离，如图 3-24（b）所示；然后移动床鞍再次使车刀同工件小端端面接触，如图 3-24（c）所示，此时虽然没有移动中滑板，但车刀已经切入所需的深度；最后移动小滑板进行精车圆锥面至尺寸。

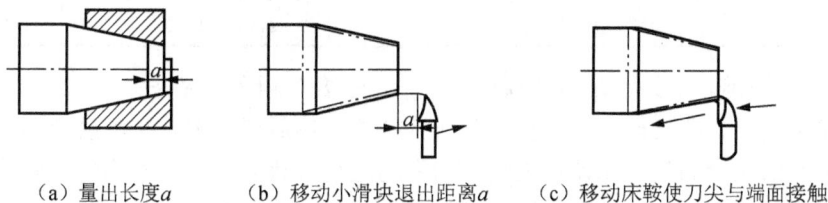

（a）量出长度 a　　　（b）移动小滑块退出距离 a　　　（c）移动床鞍使刀尖与端面接触

图 3-24　用移动床鞍法控制锥体尺寸

4. 转动小滑板法

转动小滑板法是把刀架小滑板按工件的圆锥半角 $\alpha/2$ 的要求转动一个相应角度，使车刀的运动轨迹与要加工的圆锥素线平行，是一种常用的加工外圆锥的方法。

（1）转动小滑板法车外圆锥面的特点

1）因受小滑板行程限制，只能加工圆锥角度较大但锥面不长的工件。

2）应用范围广，操作简便。

3）同一工件上加工不同角度的圆锥时调整较方便。

4）只能手动进给，劳动强度大，表面粗糙度较难控制。

（2）转动小滑板法车削外圆锥的方法和步骤

1）装夹工件和车刀。车刀刀尖必须严格对准工件的旋转中心，否则车出的圆锥素线将不是直线，而是双曲线。

2）确定小滑板转动的角度。根据工件图样选择相应的公式或查表计算出圆锥半角 $\alpha/2$，该角即是小滑板应转动的角度。

3）转动小滑板。用扳手将小滑板下面的转盘螺母松开，把转盘转至需要的圆锥半角 $\alpha/2$，当刻度与基准零线对齐后将转盘螺母锁紧。$\alpha/2$ 的值通常不是整数，其小数部分用目测估计，大致对准后再通过试车逐步找正。车削常用标准工具的圆锥和专用的标准圆锥时，小滑板转动的角度可参考表 3-7。

表 3-7　常用锥度和标准锥度的转动角度

名称		锥度	小滑板转动角度	名称		锥度	小滑板转动角度
莫氏锥度	0	1：19.212	1° 29′ 27″	标准锥度	1：200	0° 17′ 11″	0° 08′ 36″
	1	1：20.047	1° 25′ 43″		1：100	0° 34′ 23″	0° 17′ 11″
	2	1：20.020	1° 25′ 50″		1：50	1° 08′ 45″	0° 34′ 23″
	3	1：19.922	1° 26′ 16″		1：30	1° 54′ 35″	0° 57′ 17″
	4	1：19.254	1° 29′ 15″		1：20	2° 51′ 51″	1° 25′ 56″
	5	1：19.002	1° 30′ 26″		1：15	3° 49′ 06″	1° 54′ 33″
	6	1：19.180	1° 29′ 36″		1：12	4° 46′ 19″	2° 23′ 09″
标准锥度	30°	1：1.866	15°		1：10	5° 43′ 29″	2° 51′ 15″
	45°	1：1.207	22° 30′		1：8	7° 09′ 10″	3° 34′ 35″
	60°	1：0.866	30°		1：7	8° 10′ 16″	4° 05′ 08″
	75°	1：0.625	37° 30′		1：5	11° 25′ 16″	5° 42′ 38″
	90°	1：0.5	45°		1：3	18° 55′ 29″	9° 27′ 44″
	120°	1：0.289	60°		7：24	16° 35′ 32″	8° 17′ 46″

4）粗车外圆锥。车外圆锥与车圆柱面一样，也要分粗车和精车。

通常先按圆锥大端直径和圆锥长度车成圆柱体，然后车圆锥。车削前应调整好小滑板导轨与镶条间的配合间隙。如调得过紧，则手动进给时费力，移动不均匀；若调得过松，会造成小滑板间隙太大。两者均会使车出的圆锥表面粗糙度 Ra 较大，使工件素线不平直。此外，车削前还应根据工件圆锥长度确定小滑板的行程长度。

粗车外圆锥面时，开动车床。首先移动中、小滑板，使刀尖与外圆表面轻轻接触（约锥长的 1/2 处），记住中滑板的刻度；接着先退中滑板再退小滑板至外圆端面外；然后进中滑板至刻度，进小滑板车削锥度（注意在这个过程中大滑板不能移动）。车削时双手交替转动小滑板手柄，手动进给速度要保持均匀且不间断，如图 3-25 所示。在车削过程中，吃刀量会逐渐减小，当车至终端时，将中滑板退出，小滑板则快速后退复位，最后检测圆锥角度。

5）测量圆锥角度。测量角度时常用游标万能角度尺检查。

测量结束后松开转盘螺母（须防止扳手碰撞转盘，引起角度变化），按角度调整方向，用铜棒轻轻敲动小滑板，使小滑板做微小转动，然后锁紧转盘螺母。角度调整完成后，中、小滑板再进行试车外圆锥面，然后测量确定调整小滑板转动的角度，如此反复多次直至达到要求为止。注意：粗车圆锥面时需留 0.5 mm 精车余量。

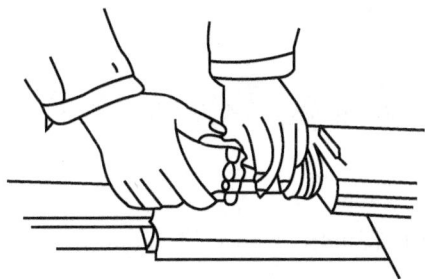

图 3-25　双手交替转动滑板车圆锥

6）精车外圆锥面。按精加工要求选择切削用量。

因锥度已经找正，精车外圆锥面主要是提高工件的表面质量、控制圆锥面尺寸精度，所以精车外圆锥面时，车刀必须锋利、耐磨，转速也应适当提高。

任务四　外圆切槽与切断

任务目标▶

1）掌握外圆切槽的方法。
2）掌握外圆切断的方法。
3）掌握检测外圆槽的方法。

任务实施▶

1. 零件图样

零件图样如图 3-26 所示。

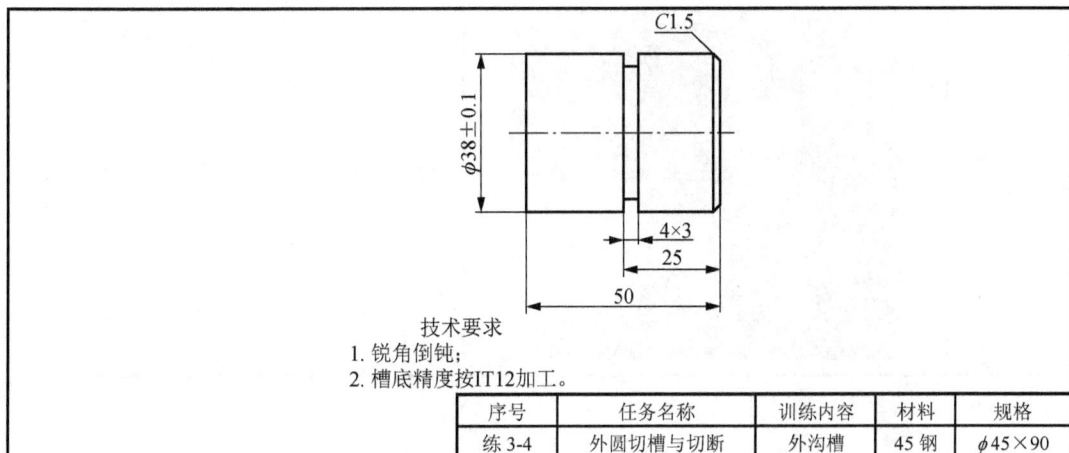

技术要求
1. 锐角倒钝；
2. 槽底精度按IT12加工。

序号	任务名称	训练内容	材料	规格
练 3-4	外圆切槽与切断	外沟槽	45 钢	$\phi 45 \times 90$

图 3-26　零件图样

2. 加工工艺分析

1）装夹工件伸出部位长 60mm 左右，找正夹紧。

2）粗精车端面。

3）粗精车外圆至 $\phi 38 \pm 0.1$mm。

4）粗精车槽宽 4mm，槽底 3mm，车准长度 25mm。

5）锐角倒钝 C1.5。

6）保证 50mm 的零件长度，用切断刀切断。

7）检验。

3. 加工步骤

外圆切槽与切断的加工步骤如表 3-8 所示。

表 3-8 外圆切槽与切断的加工步骤

步骤序号	图示	备注
1		装夹零件，将零件的外圆及端面车削成要求的尺寸（加工步骤见项目三任务二的加工步骤）
2		刃磨并测量车槽到切削刃的宽度，一般地，对于槽宽不大的零件，可以将切削刃宽度刃磨成槽的宽度

步骤序号	图示	备注
3		装夹切槽刀，刀尖须与轴心线等高，刀杆不宜伸出过长，以防车削时振动
4		切槽刀的刀刃应垂直于零件的轴线
5		用游标卡尺定位槽的位置，以车槽刀的左刀尖为基础确定位置（也可以右刀尖为基础）
6		划线并再次测量确定槽在轴上的纵向位置及车槽的零线

步骤序号	图示	备注
7		浇注切削液（用白钢刀切削时必须浇注切削液）
8		慢慢手动横向进给车削槽
9		槽宽 4mm，槽深 3mm，可一刀车出，用游标卡尺或样板测量槽的尺寸
10		刃磨好切断刀

步骤序号	图示	备注
11		将切断刀装夹在刀架上，刀尖与零件中心等高
12		利用游标卡尺或钢直尺确定零件切断位置，以车刀的右刀尖为基准
13		手动转动中滑板，并保证进刀速度均匀
14		当零件即将车断时，降低进给速度直至车断零件

4. 零件的评价与检测

工件加工结束后要进行检测，并对工件进行误差与质量分析，将结果填入表 3-9 中。

表 3-9　外圆切横槽与切断任务检测评价表

任务内容	外圆切槽与切断			任务序号		练 3-4
检测项目	检测内容	配分	自评	小组评	教师评	总得分
外圆	$\phi 38 \pm 0.1$mm	10				
槽	4×3	10				
长度	25mm	10				
总长度	50mm	10				
其他	倒角 C1.5	3				
	安全文明实习	8				
工具设备的使用及维护	工具、量具、刀具的正确使用与维护	3				
	设备的正确使用与保养	3				
	操作的规范性	3				
总配分		60				

5. 注意事项

1）切断时若发现切断表面不平或有明显的扎刀痕迹，应检查切断刀的刃磨和装夹是否正确，纠正后再继续车削，操作不当容易造成切断刀刀头折断。

2）切断时应匀速进给，当发现车刀产生切不进现象时，应立即退出，并检查车刀刀尖是否磨损，是否对准工件中心，强制进给易使车刀折断。

3）两顶尖或一夹一顶装夹时都不可将工件全部切断，否则会将车刀折断，使工件飞出伤人。

4）切断工件时减小振动的措施如下：

① 床鞍、中、小滑板导轨的间隙和机床主轴轴承间隙尽可能调小。

② 适当地加大前角和减小后角使排屑顺利，增强刀头刚性。

③ 适当加快进给速度或减慢主轴转速。

5）装刀时，应使车槽刀主切削刃和轴心线平行，否则车成的沟槽槽底一侧直径大，另一侧直径小，呈竹节形。

6）要防止槽底与槽壁相交处出现圆角，防止出现槽底中间尺寸小、靠近槽壁两侧直径大的情形。

7）使槽壁与轴心线垂直，避免出现因车刀切削刃磨钝、车刀刃磨角度不正或车刀装夹不垂直等原因造成的内槽狭窄外口大的喇叭形。

8）接刀正确，避免槽壁与槽底产生小台阶。

9）正确使用游标卡尺、样板测量沟槽。

10）合理选择转速和进给量，并正确使用切削液。

知识链接 ▶

在车削加工中，把棒料或工件切成两段（或数段）的加工方法叫作切断。切断的关键是切断刀几何参数的合理选择及其刃磨和切削用量的合理选择。车削外圆及轴肩部分的沟槽称为车外沟槽。

1. 相关工艺知识

（1）槽的种类和作用

常见的外沟槽有外圆沟槽、45°外沟槽、外圆端面沟槽和圆弧沟槽，如图3-27所示。外沟槽的作用一般是为了磨削时退刀方便，或使砂轮磨削端面时保证肩部垂直。在车削螺纹时为了退刀方便，一般也在肩部切有沟槽。这些沟槽的另一个作用是使零件装配时有一个正确的轴向位置。

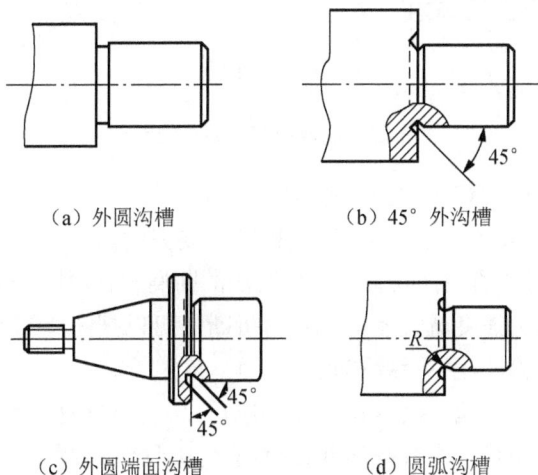

（a）外圆沟槽　　（b）45°外沟槽

（c）外圆端面沟槽　　（d）圆弧沟槽

图3-27 沟槽的种类

（2）切断刀与车槽刀的几何角度

切断刀与车槽刀的几何形状基本相似，刃磨方法也基本相同，只是刀头部分的宽度和长度有些区别。

1）高速钢切断刀与车槽刀如图3-28所示。

① 主切削刃宽度 a：主切削刃太宽会因切削力太大而振动，并且浪费材料；主切削刃太窄又会削弱刀头强度。

② 刀头长度 L：若刀头太长则易引起振动使刀头折断。选取刀头时，可以参考下面的经验公式。

切断实心材料时，$L=d/2+(2\sim3)$mm，其中 d 为毛坯直径。

（a）高速钢车槽刀　　　　　（b）高速钢R型车槽刀

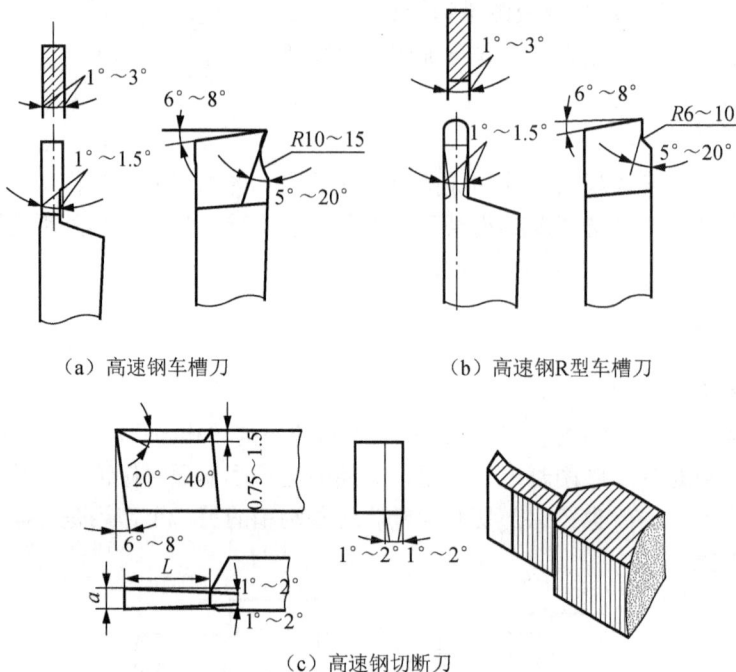

（c）高速钢切断刀

图 3-28　高速钢车槽刀与切断刀

切断空心材料时，L=被切工件的壁厚+(2～3)mm。

车槽刀的长度 L=槽深+(2～3)mm。刀宽根据需要刃磨。

③ 断屑槽：为使切削顺利，应磨出一个较浅的断屑槽，深度一般取 0.75～1mm。若断屑槽磨得太深，则其刀头强度就会差，就容易折断；可以把断屑槽的后端磨得比主切屑刃高些，这样铁屑在卷曲的过程中会翻转到刀后面，自然折断。

2）硬质合金切断刀。硬质合金切断刀是常用的高速切断刀，如图 3-29 所示。在高速切断时，若切屑与槽宽相等，则容易堵塞在槽内。为了排屑顺利，可把主切削刃两边倒角磨成人字形。由于在高速切削时会产生大量热量，为防止刀片脱焊，在开始切断时应充分浇注切削液。为增强刀体的强度，常将切断刀刀体下部做成凸圆弧形。

（3）切断刀与车槽刀的装夹方法

1）为了增加切断刀与车槽刀的刚性，装夹时车刀不宜伸出太长。

2）切断刀与车槽刀的主切削刃中心线必须与工件轴线垂直，以确保两个副后角对称。否则切断面与车出的槽壁不平直。

3）利用切断刀切断实心工件时主切削刃必须与工件旋转中心等高，否则不能车到工件中心，而且容易崩刃，甚至折断车刀。

图 3-29　硬质合金切断刀

2. 沟槽的测量方法

（1）精度要求低的沟槽

精度要求低的沟槽可用钢直尺测量其宽度，如图 3-30（a）所示，也可用钢直尺、外卡钳相互配合等方法测量其沟槽槽底直径，如图 3-30（b）所示。

（2）精度要求高的沟槽

精度要求高的沟槽通常用外径千分尺测量沟槽槽底直径，如图 3-30（c）所示；用样板或游标卡尺测量其宽度，如图 3-30（d）、（e）所示。

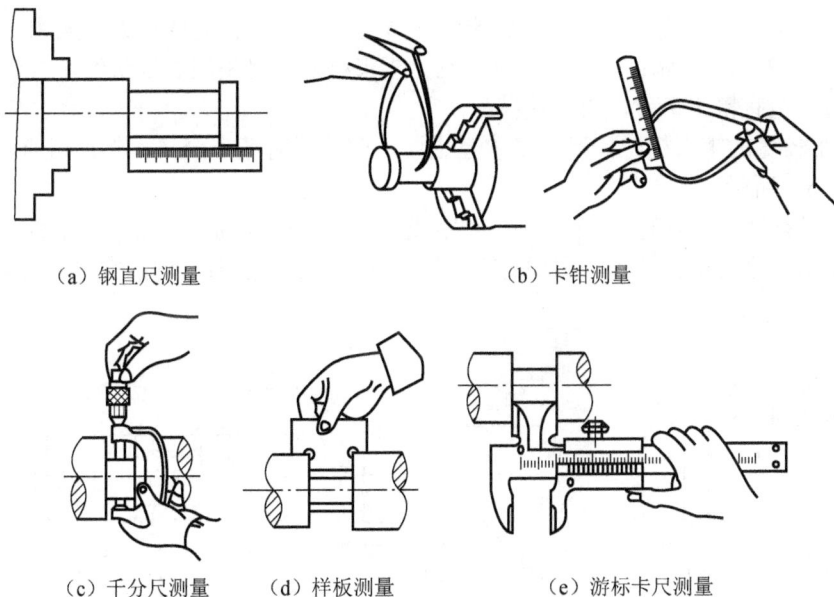

（a）钢直尺测量　　　　　　　　　　　　（b）卡钳测量

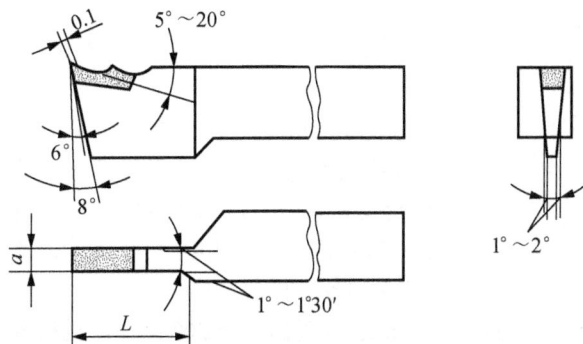

（c）千分尺测量　　　（d）样板测量　　　　　（e）游标卡尺测量

图 3-30　外沟槽的测量方法

3. 切断与车槽的方法

（1）切断

切断的方法主要有直进法、左右借刀法和反刀法 3 种。

1）利用直进法切断时，车刀只做横向连续进给，将工件切下。这种方法常用于直径较小的工件切断，具有操作简单、节约材料的优点，如图 3-31（a）所示。

2）利用左右借刀法切断时，车刀做横向和纵向相互交替进给。这种方法用于刀头较短且工件直径较大的工件切断，如图 3-31（b）所示。

3）反切法可使主轴反转，车刀反装。这样切断时较平稳，且排屑顺利，如图 3-31（c）所示。

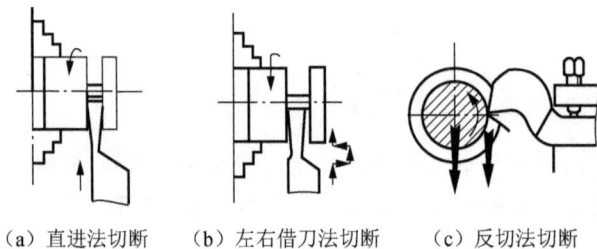

（a）直进法切断　　（b）左右借刀法切断　　（c）反切法切断

图 3-31　外圆切断的方法

（2）车外沟槽

1）当要加工的槽精度不高、宽度较窄时，可用刀宽等于槽宽的车刀，采用直进法一次车完，如图 3-32（a）所示；当要求较高，且为矩形槽时，可采用二次进给车成，第一次车削时槽两边要留有精车余量，第二次精车。

2）车削较宽的矩形槽时，可用多次直进法，两边留有精车余量，然后进行精车修整，如图 3-32（b）所示。

3）车梯形槽时，当槽宽较小时，一般用成形刀一次车削到位；当槽较宽时，先在槽的中间位置车出一个直槽，然后，用梯形刀采用直进法或左右借刀法切削完成，如图 3-32（c）所示。

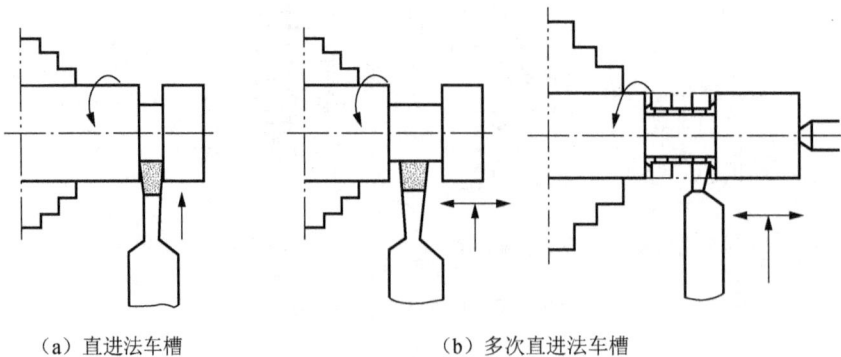

（a）直进法车槽　　　　　　（b）多次直进法车槽

图 3-32　外沟槽的车削方法

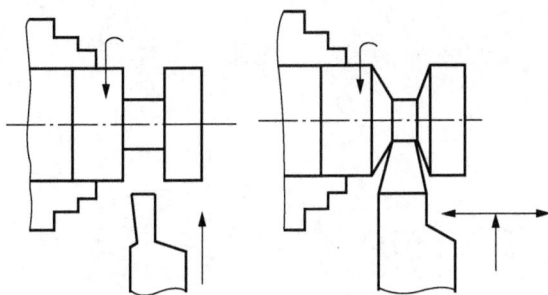

（c）梯形槽的车削

图 3-32（续）

4）车圆弧形槽时，当槽较窄时一般用成形刀一次车削成型；当槽较宽时，可用双手联动车削，然后用样板检查并修整成型。

项目四

套类零件的加工

最终目标 《《《

能熟练掌握加工套类零件的方法。

促成目标 《《《

1. 掌握用钻头钻孔的加工方法。
2. 掌握车削盲孔的加工方法。
3. 掌握车削通孔的加工方法。

任务一 钻孔

任务目标▶

1）掌握在车床上钻孔的方法。
2）了解麻花钻的几何形状和角度。

任务实施▶

1. 零件图样

零件图样如图 4-1 所示。

技术要求

1. 锐角倒钝;
2. 未注倒角C1。

序号	任务名称	训练内容	材料	规格
练4-1	钻孔	钻通孔	45钢	$\phi 48 \times 55$

图 4-1 零件图样

2. 加工工艺分析

1)装夹工件伸出部位长 22mm 左右,找正夹紧。

2)粗精车平面和外圆至ϕ45mm。

3)掉头装夹外圆长度 22mm 左右。

4)车端面保证总长 50mm。

5)粗精车ϕ38±0.1mm、长 25mm 台阶轴至图样尺寸。

6)用ϕ25mm 麻花钻钻通孔。

7)锐角倒钝。

8)检测。

3. 加工步骤

钻孔的加工步骤如表 4-1 所示。

表 4-1 钻孔的加工步骤

步骤序号	图示	备注
1	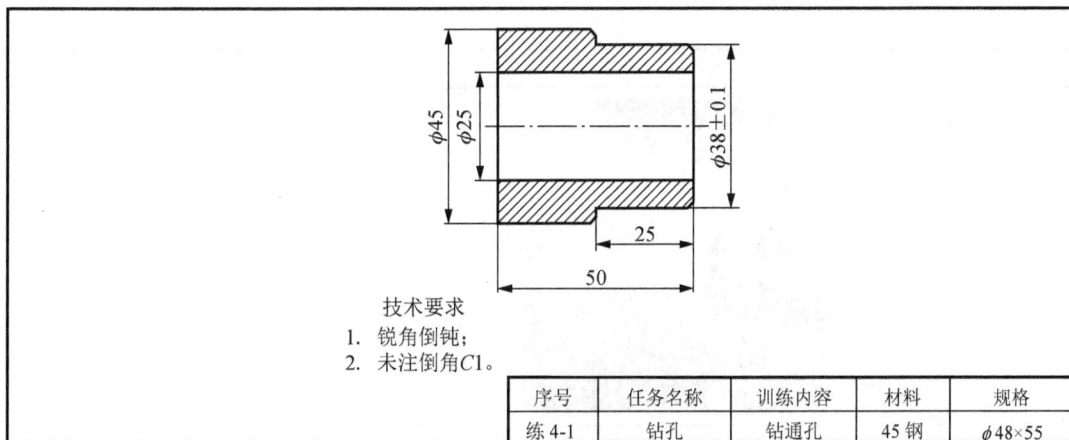	在主轴和尾座上分别装夹一个固定顶尖,用以找正尾座与主轴轴线重合

续表

步骤序号	图示	备注
2		慢慢调整尾座，使尾座的中心与主轴的中心重合
3		装夹车刀和零件，并将零件外圆和端面车削成图样要求的尺寸，尤其要将端面车平，中心处不能有凸头，以避免加工时打断中心钻
4		将装有钻头的钻夹头装夹到尾座上
5		将主轴转速调整到 800～1000r/min，手摇尾座钻定位中心孔

步骤序号	图示	备注
6		卸下钻夹头并将钻孔的钻头装夹到尾座上
7		将主轴转速调整到350~400r/min，浇注切削液，手摇尾座进行钻孔加工
8		钻削时要经常退出钻头排屑
9		将要钻通零件时，必须将钻头的进给速度降低，避免钻通时零件卡住钻头，从而损坏钻头及零件

续表

步骤序号	图示	备注
10		加工完成后，慢慢退出钻头并停车
11		利用游标卡尺检测内孔直径
12		检测合格后卸下零件，加工完成

4. 零件的评价与检测

工件加工结束后要进行检测，并对工件进行误差与质量分析，将结果填入表 4-2 中。

表 4-2　钻孔任务检测评价表

任务内容	钻孔			任务序号		练 4-1
检测项目	检测内容	配分	自评	小组评	教师评	总得分
外圆一	$\phi 45mm$	8				

续表

检测项目	检测内容	配分	自评	小组评	教师评	总得分
外圆二	$\phi38\pm0.1$mm	8				
长度一	25mm	4				
长度二	50mm	4				
孔径	$\phi25$mm	10				
其他	倒角 C1	6				
	安全文明实习	5				
工具设备的使用及维护	工具、量具、刀具的正确使用与维护	3				
	设备的正确使用与保养	3				
	操作的规范性	4				
总配分		55				

5. 注意事项

1）钻孔前，先把工件端面车平，否则会影响正确定心。

2）必须找正尾座，使钻头轴线与工件回转轴线重合，以防孔径扩大和钻头折断。

3）用较长的钻头钻孔时，为了防止钻头跳动，可以在刀架上装夹一铜棒或挡铁，轻轻地顶住钻头头部，使它对准工件的回转中心。然后缓慢进给，当钻头在工件上正确定心，并正常钻削后，将铜棒退出。

4）对于小孔，可先用中心钻定心，再用麻花钻钻孔，这样钻出的孔同轴度好，尺寸正确。

5）钻完一段孔后，应把钻头退出，并停车测量孔径，检查是否符合要求。

6）钻较深的孔时，切屑不易排出，则必须经常退出钻头，清除切屑。如果是很长的通孔，可采用掉头钻孔的方法。

7）孔即将钻穿时，钻头的横刃不再参加工作，阻力大大减小，进给时就会觉得手轮摇起来很轻松，这时进给量必须减小，否则会使钻头的切削刃"咬"在工件孔内而损坏钻头，或者使钻头的锥柄在尾座锥孔内打转，将锥柄和锥孔拉毛。

8）钻孔时，为了防止钻头发热、麻花钻退火可充分使用切削液降温，在车床上钻孔时，切削液很难深入刀切削区，特别是深孔，因此，在钻削中应经常摇出钻头，以利排屑和冷却钻头。

知识链接 ▶

1. 相关工艺知识

在车削过程中，对需要多次装夹才能完成车削工作的轴类工件，一般是先在工件的

两端钻出中心孔，然后采用一夹一顶或两顶尖的方式进行装夹，确保工件定心准确且便于装卸。

（1）中心孔的种类

中心孔按形状和作用可分为 A、B、C、R 共 4 种类型，如图 4-2 所示。

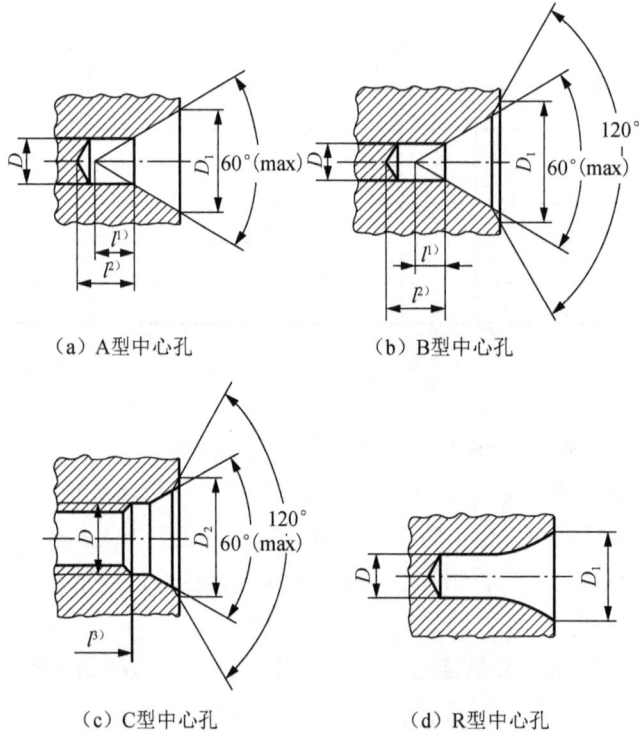

（a）A 型中心孔　　　　　（b）B 型中心孔

（c）C 型中心孔　　　　　（d）R 型中心孔

图 4-2　中心孔的类型

（2）中心孔的作用

1）A 型中心孔由圆柱部分和圆锥部分组成，圆锥孔为 60°，适用于不需要多次装夹或不保留中心孔的零件，以及精度一般的工件。

2）B 型中心孔是在 A 型中心孔的端部多了一个 120° 的圆锥孔，目的是保护 60° 锥孔，避免其拉毛碰伤。B 型中心孔适用于多次装夹的零件，以及精度较高的工件。

3）C 型中心孔外端形似 B 型中心孔，里端有一个比圆柱孔还要小的内螺纹，适用于工件之间的紧固连接。

4）R 型中心孔是将 A 型中心孔的圆锥母线改为圆弧线，以减少中心孔与顶尖的接触面积，减少摩擦力，提高定位精度，用于精度很高的工件。

这 4 种中心孔的圆柱部分用来储存油脂，保护顶尖，使顶尖与锥孔 60° 配合贴切。同时圆柱的直径也是选取中心钻的公称尺寸。

（3）中心钻

中心孔通常用中心钻钻出，常用的中心钻有 A 型与 B 型两种，如图 4-3 所示，制造中心钻的材料一般为高速钢。

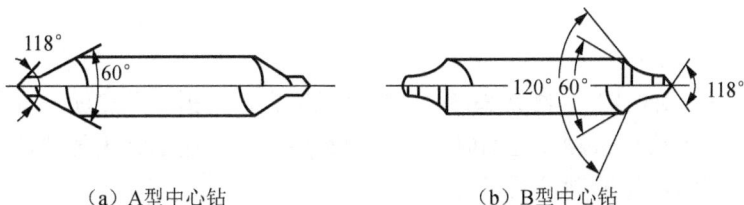

（a）A 型中心钻　　　　　　　　（b）B 型中心钻

图 4-3　中心钻的种类

（4）中心钻的装夹与钻中心孔的方法

1）在钻夹头上装夹中心钻。按逆时针方向旋转钻夹头的外套，使钻夹头的三爪张开，将中心钻插入，然后用钻夹头扳手以顺时针方向转动钻夹头的外套，将中心钻夹紧。

2）在尾座锥孔中装夹钻夹头。先擦净钻夹头柄部和尾座锥孔，然后用轴向力把钻夹头装紧。

3）找正尾座中心。将工件装夹在卡盘上后开车转动，移动尾座使中心钻接近工件平面，观察中心钻头部是否与工件旋转中心一致，并找正，然后紧固尾座。

4）选择转速和钻削。由于中心孔直径小，钻削时应选取较高的转速，进给量小而均匀。当中心钻钻入工件时，需加切削液，使钻削顺利、光滑。钻削完毕时应稍停留中心钻，然后退出，以使中心孔光、圆、准确。

2. 麻花钻的刃磨

麻花钻的螺旋槽有 2 槽、3 槽或更多槽，其中以 2 槽最为常见。在刃磨钻头时要注意以下几点。

（1）麻花钻的刃磨参数和要求

刃磨时，我们首先要保证麻花钻的角度、切削刃、后刀面等参数符合要求。

1）顶角。麻花钻的顶角为 118°±2°，在工作中大都当作 120° 来处理。

2）后角。

① 边缘处后角（D 为麻花钻直径）：

a. 当 $D<15mm$ 时，边缘处后角为 10°～14°；

b. 当 $D=15～30mm$ 时，边缘处后角为 9°～12°；

c. 当 $D>30mm$ 时，边缘处后角为 8°～11°。

② 钻心处后角：20°～26°。

③ 横刃处后角：30°～36°。

3）横刃斜角。麻花钻的横刃斜角一般为 50°～55°。

4）切削刃。两主切削刃的长度必须相等，与钻头轴心线组成的两个 ψ 角相等，即两切

削刃应对称，若不对称，如两主切削刃长度不等或两 ψ 角不等，则在钻孔时会使钻出的孔扩大或者歪斜。同时两切削刃受力不均匀会造成钻头的抖动，使磨损加剧。

5）后刀面。两后刀面应刃磨光滑，否则会加剧后刀面与切削表面的摩擦，产生大量热量。

（2）麻花钻的刃磨技巧

1）刃口要与砂轮面摆平。磨钻头前，先将钻头的主切削刃与砂轮面放置在一个水平面上，也就是说，保证刃口接触砂轮面时，整个刃都要磨到。这是钻头与砂轮相对位置的第一步，位置摆好再慢慢靠近砂轮面。

2）钻头轴线要与砂轮面斜出 60° 的角度。这个角度就是钻头的锋角，若角度不对，将直接影响钻头顶角的大小及主切削刃的形状和横刃斜角。这里的 60° 是指钻头轴心线与砂轮表面的夹角取 60°，这个角度一般看得比较准。这里要注意钻头刃磨前相对的水平位置和角度位置，二者要统筹兼顾，不要为了摆平刃口而忽略了摆好角度，或为了摆好角度而忽略了摆平刃口。

3）由刃口往后磨后面。刃口接触砂轮后，要从主切削刃往后面磨，也就是从钻头的刃口开始接触砂轮，而后沿着整个后刀面缓慢往下磨。钻头切入时可轻轻接触砂轮，先进行较少量的刃磨，并注意观察火花的均匀性，及时调整手上压力的大小，还要注意钻头的冷却，不能让钻头磨过火，造成刃口变色，导致刃口退火。发现刃口温度高时，要及时冷却钻头。

4）钻头的刃口要上下摆动，钻头尾部不能起翘。标准的钻头磨削动作为：主切削刃在砂轮上要上下摆动，也就是握钻头前部的手要将钻头在砂轮面上均匀地上下摆动，而握柄部的手不能摆动，还要防止后柄向上翘，即钻头的尾部不能高翘于砂轮水平中心线以上，否则会使刃口磨钝，无法切削。这是刃磨中关键的一步，钻头磨得好与坏，与此有很大的关系。在磨得差不多时，要从刃口开始，往后角再轻轻蹭一下，使刃后面更光洁一些。

5）保证刃尖对轴线，两边对称。磨好一边刃口后，再磨另一边刃口，必须保证刃口在钻头轴线的中间，两边刃口要对称。有经验的师傅会对着亮光观察钻尖的对称性，慢慢进行刃磨。钻头（$d<15mm$）切削刃的后角一般为 $10° \sim 14°$，后角大了，切削刃太薄，钻削时振动厉害，孔口呈三边或五边形，切屑呈针状；后角小了，钻削时轴向力很大，不易切入，切削力增加，温升大，钻头发热严重，甚至无法钻削。若后角角度适合，锋尖对中，两刃对称，则钻削时，钻头排屑轻快，无振动，孔径也不会扩大。

6）磨钻头锋尖。钻头两刃磨好后，两刃锋尖处会有一个平面，影响钻头的中心定位，此时需要在刃后面倒一下角，把刃尖部的平面尽量磨小。方法是将钻头竖起，对准砂轮的角，在刃后面的根部，对着刃尖倒一个小槽。这也是使钻头定中心和切削轻快的重要一点。注意：在刃磨刃尖倒角时，一定不能磨到主切削刃上，否则会使主切削刃的前角偏大，直接影响钻孔。

（3）麻花钻的刃磨检测
麻花钻刃磨常采用目测的方法来检测。

1）目测主切削刃是否对称时，可将钻头切削部分向上竖立，两眼平视，由于两切削刃一前一后会产生视差，所以会感到左刃（前刃）高、右刃（后刃）低。因此要旋转 180°后反复观察几次，若结果一样，则说明对称。

2）目测边缘处的后角是否符合要求时，可对外缘处靠近刃口的后刀面的倾斜状况直接目测。

3）钻头中心处后角的要求，可通过保证横刃斜角的数值来控制。

用磨好的钻头进行试钻，通过观察切削过程中切屑的排放情况，测量孔的直径，然后凭经验判断钻头刃磨是否合理。

（4）麻花钻刃磨时应注意的问题

1）砂轮的选择。刃磨普通麻花钻时，一般选择粒度 46～80 的中软级氧化铝砂轮。

2）麻花钻的修磨。麻花钻的修磨是指在普通刃磨的基础上，根据具体加工要求对参数不够合理的部分进行的补充刃磨。

① 标准麻花钻本身存在如下一些缺陷：

a．主切削刃上各点前角相差较大（-30°～+30°），切削能力悬殊。

b．横刃前角小（负值）而长，钻削轴向力大，定心差；主切削刃长，切削宽度大，切屑卷曲困难，不易排屑。

c．主切削刃与副切削刃转角处（即刀尖）切削速度最高，但该处后角为零，因而刀尖磨损最快。

这些缺陷的存在，严重制约了标准麻花钻的切削能力，影响了加工质量和切削效率。因此，必须对标准麻花钻进行修磨。

② 常见的修磨有以下几种：

a．修磨出过渡刃（即双重刃）。在钻头的转角处磨出过渡刃，从而使钻头具有双重刃。锋角减小，相当于主偏角 κ_r 减小，同时转角处的刀尖角 ε_r' 增大，从而改善了散热条件。

b．修磨横刃。将原来的横刃长度修磨短，同时修磨出前角，从而有利于钻头的定心和减小轴向力。

c．修磨分屑槽。在原来的主切削刃上交错地磨出分屑槽，使切屑分割成窄条，便于排屑，主要用于塑性材料的钻削。

d．修磨棱边。在加工软材料时，为了减小棱边（其后角等于零）与加工孔壁的摩擦，对于直径大于 12mm 以上的钻头，可对棱边进行修磨，这样可使钻头的耐用度提高一倍以上。

e．修磨前刀面。修磨前刀面可以减小外缘处前角，在切削非铁合金（如黄铜）时，可以避免"扎刀"。

任务二　车孔

任务目标▶

1）掌握内孔车刀的安装方法。

2）掌握内孔的车削方法。

3）会使用卡钳、塞规等常用的内孔测量工具。

任务实施▶

1. 零件图样

零件图样如图 4-4 所示。

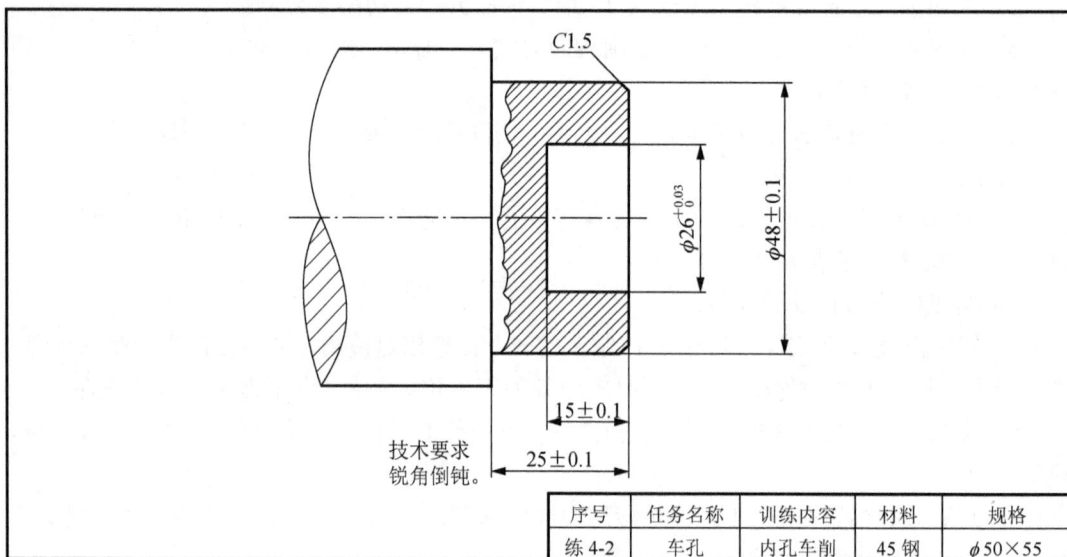

序号	任务名称	训练内容	材料	规格
练 4-2	车孔	内孔车削	45 钢	$\phi 50 \times 55$

图 4-4　零件图样

2. 加工工艺分析

1）装夹工件伸出部位长 30mm 左右，找正夹紧。

2）粗车平面和钻孔 $\phi 25$mm，长 14.5mm。

3）粗车平底孔至 $\phi 25.7$mm，长 15 ± 0.1mm。

4）精车平底孔至 $\phi 26^{+0.03}_{0}$。

5）倒角。

6）检测。

3．加工步骤

车孔的加工步骤如表 4-3 所示。

表 4-3　车孔的加工步骤

步骤序号	图示	备注
1		装夹内孔粗精车刀、外圆车刀等，保证刀尖与零件中心等高，并将零件外圆和端面车削成图样要求的尺寸，倒角 C1.5
2		装夹 ϕ25mm 的钻头
3		根据孔深在麻花钻 14.5mm 处做出标志
4		将主轴转速调整到 180～250r/min，使主轴旋转

步骤序号	图示	备注
5		慢慢手摇尾座接近零件
6		浇注切削液，手摇尾座进行钻孔加工，直到钻头上标注的位置与零件端面平齐
7		停钻、退出钻头并移开尾座
8		用平底镗刀将底面车平，并保证孔深为 15 ± 0.1 mm
9		粗车内孔径，留 0.3mm 精车余量

步骤序号	图示	备注
10		即将车削到孔的底部时,改自动走刀为手动进给,避免车刀撞到孔底
11		停车,利用游标卡尺检测内孔直径
12		利用游标卡尺检测内孔深度
13		粗车结束后,换为精车刀
14		精车内孔(加工方法和粗车削相同)

续表

步骤序号	图示	备注
15		通过游标卡尺检测尺寸，达到零件图样要求

4. 零件的评价与检测

工件加工结束后要进行检测，并对工件进行误差与质量分析，将结果填入表 4-4 中。

表 4-4　车孔任务检测评价表

任务内容	车孔			任务序号		练 4-2	
检测项目	检测内容	配分	自评	小组评	教师评	总得分	
外圆	$\phi 48 \pm 0.1$mm	10					
长度一	25 ± 0.1mm	6					
长度二	15 ± 0.1mm	4					
孔径	$\phi 26^{+0.03}_{0}$ mm	14					
其他	倒角 $C1.5$	2					
	安全文明实习	5					
工具设备的使用及维护	工具、量具、刀具的正确使用与维护	3					
	设备的正确使用与保养	3					
	操作的规范性	3					
	总配分	50					

5. 注意事项

1）车孔的关键技术是解决车孔刀的刚性和排屑问题，增加车孔刀的刚性主要采取以下几项措施：

① 增加刀杆的截面面积。一般的车孔刀有一个缺点，即刀杆的截面面积小于孔截面面积的 1/4。如果让车孔刀的刀尖位于刀杆的中心平面上，这样刀杆的截面面积就达到最大。

② 刀杆的伸出长度尽可能缩短。如果刀杆伸出太长，就会降低刀杆刚性，容易引起振动。因此，刀杆伸出长度只要略大于孔深即可，为此，要求刀杆的伸出长度能根据孔深加

以调整。

③ 控制切屑流出方向，不通孔要求切屑从孔口排出（后排屑）。

2）车孔时，车刀应与工件的回转中心等高，精车时应保持车刀刀刃锋利，防止产生让刀而车出喇叭口。孔壁与内平面相交处要清角，防止出现凹坑与台阶。

知识链接 ▶

对于铸造成型的孔、锻造成型的孔和用钻头钻出的孔，为达到要求的尺寸精度、位置精度和表面粗糙度，可采用车孔的方法。车孔是车削加工的主要内容之一，也可以作为半精加工和精加工工序。车孔后的精度一般可达 IT7～IT8，表面粗糙度可达 $Ra1.6～3.2\mu m$，精车可达 $Ra\,0.8\mu m$。

1. 相关工艺知识

（1）内孔车刀的种类

根据不同的加工情况，内孔车刀可分为通孔车刀和盲孔车刀两种，如图4-5所示。

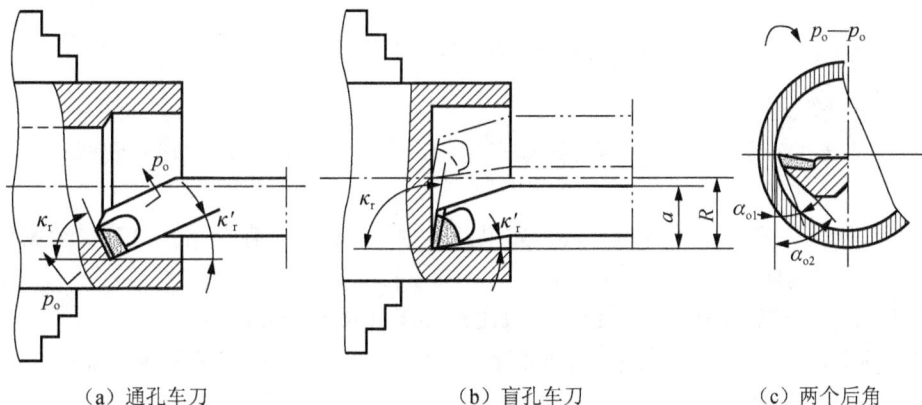

（a）通孔车刀　　　　　　　（b）盲孔车刀　　　　　　　（c）两个后角

图4-5　内孔车刀

1）通孔车刀。通孔车刀切削部分的几何形状与外圆车刀基本相似，如图4-5（a）所示。为了减小径向切削抗力，防止车孔时振动，主偏角 κ_r 应取得大些，一般为 $60°～75°$，副偏角 κ_r' 一般为 $15°～30°$。为了防止内孔车刀后刀面和孔壁摩擦且不使后角磨得太大，一般磨成两个后角 α_{o1} 和 α_{o2}，其中，α_{o1} 取 $6°～12°$，α_{o2} 取 $30°$ 左右，如图4-5（c）所示。

2）盲孔车刀。盲孔车刀用来车削盲孔或阶台孔，切削部分的几何形状与偏刀基本相似，它的主偏角大于 $90°$，一般为 $92°～95°$，如图4-5（b）所示。后角的要求和通孔车刀一样，不同之处是盲孔车刀夹在刀杆的最前端，刀尖到刀杆外端的距离 a 小于孔半径 R，否则无法车平孔的底面。

内孔车刀可做成整体式，如图4-6（a）所示。为节省刀具材料和增加刀柄强度，也可把高速钢或硬质合金做成较小的刀头，安装在碳钢或合金钢制成的刀柄前端的方孔中，并在顶端或上面用螺钉固定，如图 4-4（b）、（c）所示。

（a）整体式

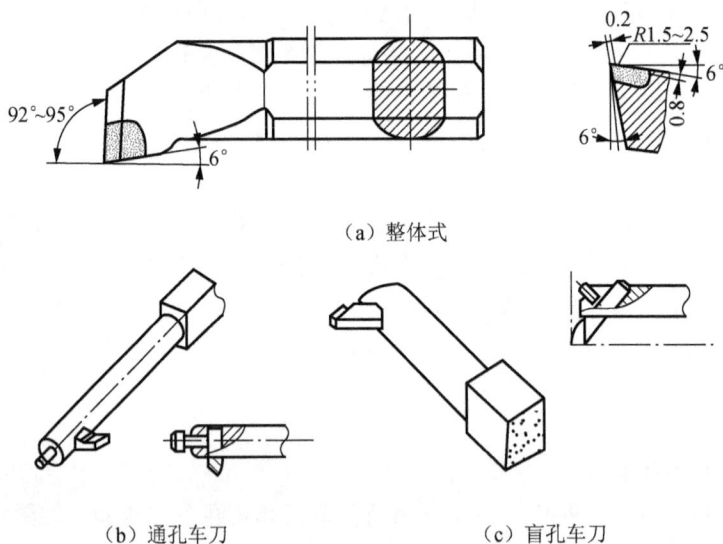

（b）通孔车刀　　　　　　　　　　（c）盲孔车刀

图 4-6　内孔车刀的结构

（2）内孔车刀的安装

内孔车刀安装得正确与否，直接影响车削情况及孔的精度，因此在安装时一定要注意以下几点。

1）刀尖应与工件中心等高或稍高。如果低于中心，由于切削抗力的作用，容易将刀柄压低而产生扎刀现象，也可使孔径扩大。

2）刀柄伸出刀架部分不宜过长，一般比被加工孔长 5～6mm。

3）刀柄基本平行于工件轴线，否则车削到一定深度时刀柄后半部分容易碰到工件孔口。

4）盲孔车刀装夹时，内偏刀的主切削刃应与孔底平面成 3°～5° 角，并且在车平面时要求横向有足够的退刀余地，如图 4-7 所示。

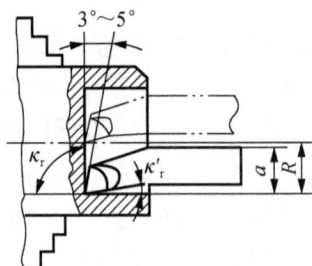

图 4-7　盲孔车刀的安装

2. 孔径尺寸的检测

测量孔径尺寸时，若孔径精度要求较低，则可以用钢直尺、游标卡尺等进行测量；若

孔径精度要求较高，则通常用塞规、内测千分尺或内径百分表结合千分尺进行测量。

（1）用塞规测量

塞规由通端、止端和手柄组成，如图 4-8（a）所示。通端按孔的下极限尺寸制成，测量时应塞入孔内；止端按孔的上极限尺寸制成，测量时不允许插入孔内。当通端塞入孔内而止端插不进去时，就说明此孔尺寸在最小极限尺寸与最大极限尺寸之间，是合格的，如图 4-8（b）所示。

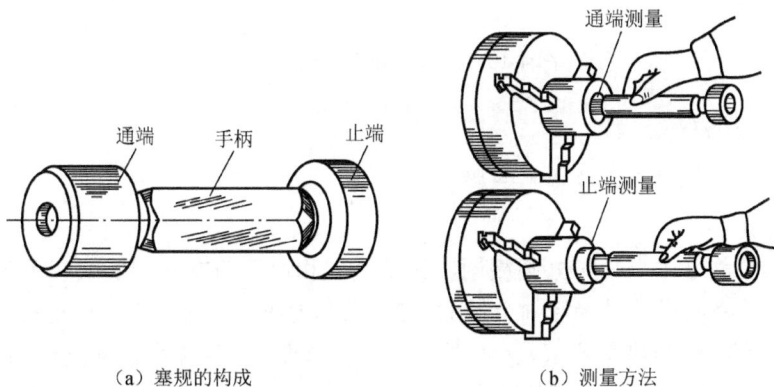

（a）塞规的构成　　　　（b）测量方法

图 4-8　塞规及其测量方法

（2）用内测千分尺测量

内测千分尺如图 4-9 所示。这种千分尺的刻线方向与外径千分尺相反，当微分筒顺时针旋转时，活动量爪向左移动，量值增大。

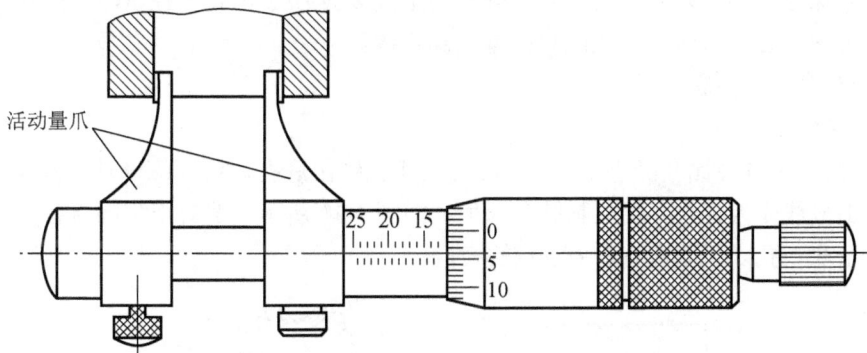

图 4-9　内测千分尺

（3）用内径百分表测量

内径百分表是利用对比法测量孔径的，因此使用时应先根据被测工件的内孔直径，用外径千分尺将内径百分表对准"零"位后，方可进行测量，其测量方法如图 4-10 所示。测量时取最小值为孔径的实际尺寸。

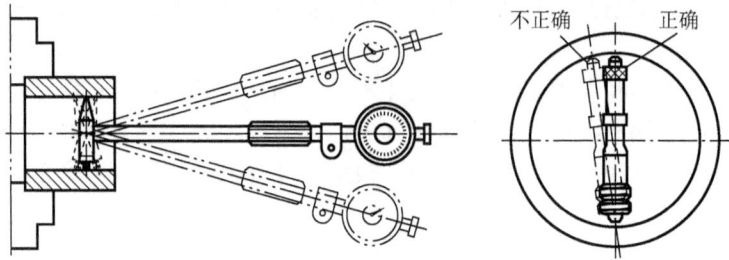

图 4-10 内径百分表的测量方法

3. 孔的车削方法

孔的形状不同，车削方法也不一样。

（1）车直孔

直通孔的车削基本上与车外圆相同，只是进刀和退刀的方向相反。在粗车或精车时也要进行试切削，横向进给量为径向余量的 1/2。当车刀纵向切削至 2 mm 左右时，纵向快速退刀（横向不动），然后停车测试。若孔的尺寸不符合要求，则需微量横向进刀后再次测试，直至符合要求，方可车出整个内孔表面。车孔时的切削用量要比车外圆时适当少一些，特别是车小孔或深孔时，其切削用量应更少。

（2）车盲孔（平底孔）

车盲孔时，其内孔车刀的刀尖必须与工件的旋转中心等高，否则不能将孔底车平。检验刀尖中心高的简便方法是车端面时进行对刀，若端面能车至中心，则盲孔底面也能车平。同时还必须保证盲孔车刀的刀尖至刀柄外侧的距离 a 应小于内孔半径 R，否则切削的刀尖还未车至工件中心，刀柄外侧就已与孔壁上部相碰。

1）粗车盲孔的步骤如下。

① 车端面、钻中心孔。

② 钻孔。可选择比孔径小 1.5～2mm 的钻头先钻出底孔。钻孔深度从钻头顶尖量起，并在钻头上刻线作为记号，以控制钻孔深度，如图 4-11 所示。然后用相同直径的平头钻将孔底扩成平底。孔底平面留 0.5～1mm 的余量。

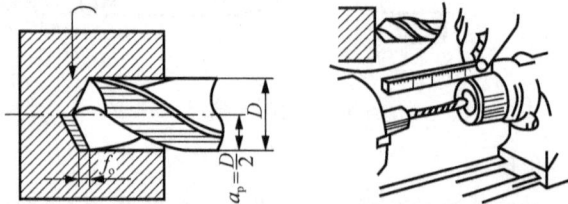

图 4-11 钻孔的方法

③ 盲孔车刀靠近工件端面，移动小滑板，使车刀刀尖与端面轻微接触，将小滑板和床鞍刻度调至零位。

④ 将车刀伸入孔口内，移动中滑板，刀尖进给至与孔口刚好接触时，车刀纵向退出，此时将中滑板刻度调至零位。

⑤ 用中滑板刻度指示控制背吃刀量（孔径留 0.3～0.4mm 精车余量），机动纵向进给车削平底孔时要防止车刀与孔底面碰撞。因此，当床鞍刻度指示距离孔底面 2～3mm 时，应立即停止机动进给，改用手动进给。若孔大且浅，一般车孔底面时能够看清。若孔小且深，则很难观察到是否已车到孔底。此时通常要凭经验来判断刀尖是否已车到孔底，一般地，若切削声音增大，则表明刀尖已车到孔底。当中滑板横向进给车孔底平面时，若切削声音消失，且控制横向进给手柄的手明显感觉到切削抗力突然减小，则表明孔底平面已车出，此时应先将车刀横向退刀再迅速纵向退出。

⑥ 如果孔底面余量较多需车第二刀时，纵向位置保持不变，向后移动中滑板，使刀尖退回至车削时的起始位置，然后用小滑板刻度控制纵向背吃刀量，第二刀的车削方法与第一刀相同。精车孔底面时，孔深留 0.2～0.3mm 的二次精车余量。

2）精车盲孔的步骤：精车时用试切削的方法控制孔径尺寸。若试切削正确，则可采用与精车类似的进给方法，使孔径、孔深都达到图样要求。

（3）车阶台孔

1）车直径较小的阶台孔时，由于观察困难使尺寸精度不宜掌握，所以常采用粗、精车小孔，再粗、精车大孔的方法。

2）车大的阶台孔时，在便于测量小孔尺寸且视线不受影响的情况下，一般先粗车大孔和小孔，再精车小孔和大孔。

3）车削孔径尺寸相差较大的阶台孔时，最好用主偏角 $\kappa_r<90°$（一般为 85°～88°）的车刀先粗车，然后用车孔刀精车，直接用车孔刀车削时背吃刀量不可太大，否则刀刃易损坏。其原因：①刀尖处于刀刃的最前端，切削时刀尖先切入工件，其承受的切削抗力最大，加上刀尖本身强度差，所以容易碎裂；②由于刀柄伸长，在轴向抗力的作用下，背吃刀量大容易产生振动和扎刀。

（4）孔深的保证

控制车孔深度的方法是粗车时通过在刀柄上刻线痕做记号，如图 4-12（a）所示，或安放限位铜片，如图 4-12（b）所示，或床鞍刻线等来控制；精车时用小滑板刻度盘或游标深度尺等来控制。

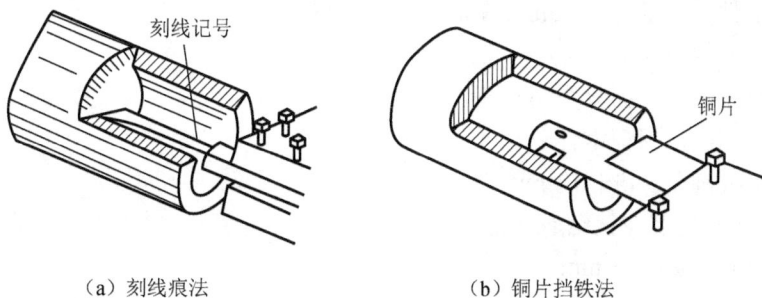

（a）刻线痕法　　　　　（b）铜片挡铁法

图 4-12　控制车孔深度的方法

任务三 通孔套类零件的加工

任务目标▶

1）掌握根据图样要求制定工艺分析的方法。

2）掌握通孔的车削方法。

3）掌握保证内孔表面粗糙度的方法。

任务实施▶

1. 零件图样

零件图样如图 4-13 所示。

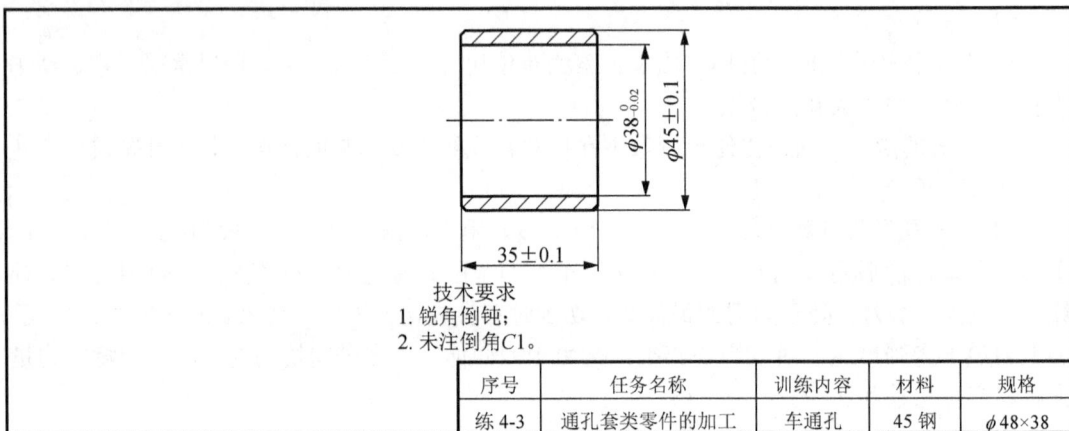

技术要求
1. 锐角倒钝；
2. 未注倒角C1。

序号	任务名称	训练内容	材料	规格
练4-3	通孔套类零件的加工	车通孔	45 钢	$\phi48\times38$

图 4-13　零件图样

2. 工艺分析

1）装夹工件伸出部位长 15mm 左右，找正夹紧。

2）粗精车外圆及端面。

3）掉头找正装夹，夹紧力小一些，防止工件变形。

4）粗精车端面，保证零件总长 35±0.1mm。

5）粗精车外圆至 $\phi45\pm0.1$mm。

6）用 $\phi35$mm 的麻花钻钻通孔。

7）粗精车孔至 $\phi38_{-0.02}^{0}$ mm。

8）锐角倒钝 C1。

9）检验。

3. 加工步骤

通孔套类零件的加工步骤如表 4-5 所示。

表 4-5　通孔套类零件的加工步骤

步骤序号	图示	备注
1		找正夹紧毛坯
2		先车平面，车平即可
3		钻通孔

续表

步骤序号	图示	备注
4		车外圆
5		掉头车平面并保证总长 35±0.1mm
6		接刀车外圆并保证外圆尺寸，倒角
7		安装内孔车刀，使刀尖对准工件中心，刀杆不要伸出过长，避免车削时发生振动而影响加工质量

步骤序号	图示	备注
8		车刀装好后，应摇床鞍至零件终点，检查车刀在加工到零件尽头时刀架是否会碰撞零件
9		粗车内孔，留 0.3mm 精车余量
10		精车内孔至要求的尺寸并倒内角
11		利用塞规检测内孔直径，合格后卸下零件

4. 零件的评价与检测

工件加工结束后要进行检测，并对工件进行误差与质量分析，将结果填入表 4-6 中。

表 4-6　通孔套类零件加工任务检测评价表

任务内容	通孔套类零件的加工				任务序号	练 4-3	
检测项目	检测内容	配分	自评	小组评	教师评	总得分	
外圆	$\phi45\pm0.1$mm	5					
长度	35 ± 0.1mm	5					
内径	$\phi38^{-0}_{-0.02}$ mm	15					
其他	倒角 C1	2					
	安全文明实习	5					
工具设备的使用及维护	工具、量具、刀具的正确使用与维护	3					
	设备的正确使用与保养	2					
	操作的规范性	3					
总配分		40					

5. 注意事项

1）车通孔时要求切屑流向待加工表面（前排屑）。

2）装夹时，夹紧力要适中，避免夹紧力过大而使零件变形。

3）使用塞规时，应尽可能使塞规与被测工件的温度一致；测量时通规不可强行通过，应靠自身重力自由通过；塞规的轴线应与孔的轴线一致，不可歪斜；在孔内取出塞规时，应防止与内孔车刀发生碰撞。

4）用内径百分表测量内孔时，应检查整个测量机构是否正常，如固定测量头有无松动、百分表转动是否灵活、指针转动后能否回零等。

5）车刀的几何角度选择不当会使表面有振纹及工件不圆等。

6）车削用量选择不当会发生热变形。

7）退刀方向与车外圆的退刀方向相反。

知识链接 ▶

在夹具上加工薄壁零件所采取的措施包括以下几个方面。

1. 将局部夹紧力机构改成均匀夹紧力机构

图 4-14（a）是用自定心卡盘夹紧薄壁工件；（b）是在夹紧变形的情况下，分几次走刀逐渐减少吃刀量车出内孔，保证了内孔的圆度，但壁厚不均匀；（c）是从自定心卡盘中取出薄壁套后，夹紧力消失，薄壁套外圆恢复为圆形，但内孔变成了棱圆形，棱圆形的特点

是虽然看上去不像圆形，但各处的直径尺寸相同，棱圆的孔会影响其和轴的装配。针对以上可能产生的问题，以下介绍减少变形的方法。

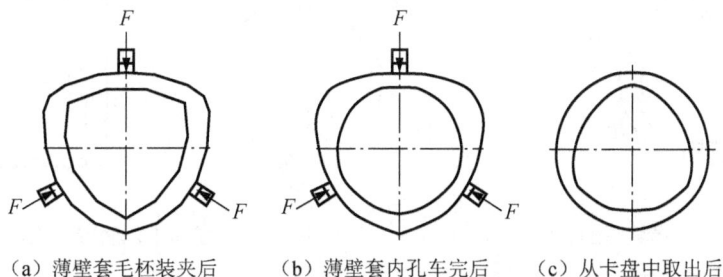

（a）薄壁套毛坯装夹后　　（b）薄壁套内孔车完后　　（c）从卡盘中取出后

图 4-14　薄壁工件的变形过程

（1）采用开口套

用开口套可使自定心卡盘的三点接触变为整圆抱紧，自定心卡盘夹持开口套使其变形并均匀地抱紧薄壁工件后，再车削内孔。在可能的条件下，开口套的壁厚可以厚一点。注意在夹持开口夹套时要使开口在两夹爪的中间位置，如图 4-15 所示。

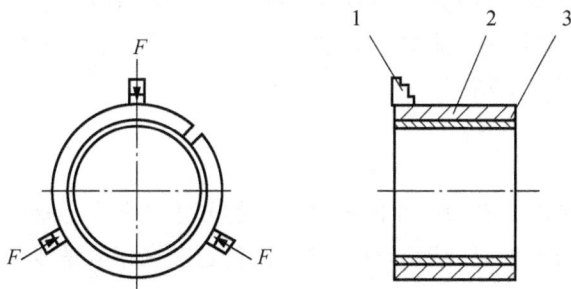

图 4-15　采用开口套方法

1—自定心卡盘；2—开口套；3—薄壁套工件

（2）采用弧形软爪

改装卡盘的三爪，在通用的三爪上焊接弧形软爪，增大夹持面积，使夹紧力均匀地分布在工件上，从而可以有效地减少薄壁套夹紧变形，如图 4-16 所示。在使用时保证软爪内弧与薄壁工件外径相等，并保证软爪具有足够的刚度。

2. 增加辅助支承面

为加强薄壁零件在车削时的刚性，在工件的夹紧部位特制工艺肋，使夹紧力作用在工艺肋上，从而减少夹紧力引起的变形，如图 4-17 所示。

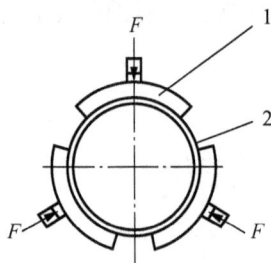

图 4-16　采用弧形软爪的方法

1—焊接弧形软爪；2—薄壁套工件

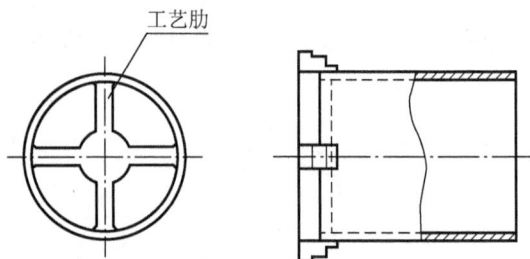

图 4-17　增加工艺肋减少工件变形

3. 改变夹紧力的作用点（部位）

将夹紧力的作用点由零件刚性较弱处移至刚性较强外，以减少薄壁零件的变形。图 4-18 为加工合金材料、环形直径较大、薄壁处厚度为 4mm 的零件的夹具示意图。在图 4-18（a）所示的夹具的夹紧机构中，当拧紧螺钉 1 时，压紧圈 2 便沿着斜面将零件夹紧，但夹紧力 P 正压向零件刚性较差的薄壁部分，使零件变形加剧，难以保证加工精度。如将夹紧机构改成图 4-18（b）所示的结构，则夹紧力 P 的作用点移至零件刚性较好的轮辐处，从而使零件变形减小，保证了加工精度。

4. 采用心轴夹紧

当车薄壁套的外圆时，有效防止薄壁套变形的方法是采用心轴定位，使夹紧力沿着刚性较好的轴线方向分布，如果薄壁套有阶梯孔，则心轴也相应做成阶梯心轴，防止夹装变形，如图 4-19 所示。

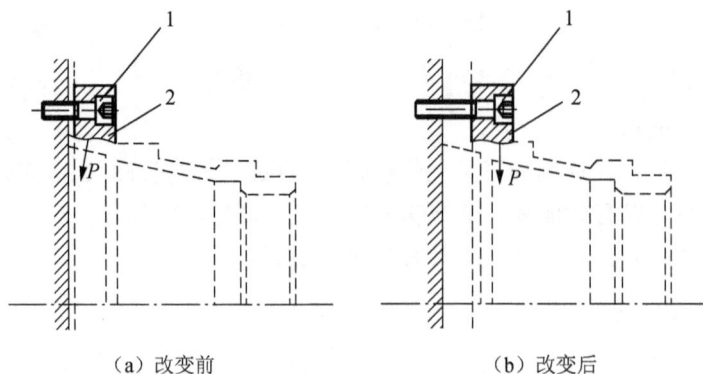

（a）改变前　　　　　　　　（b）改变后

图 4-18　改变夹具的夹紧机构

1—螺钉；2—压紧圈

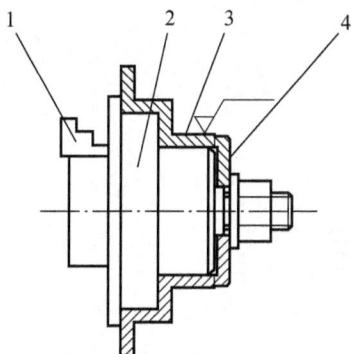

1—三爪卡盘；2—心轴；3—薄壁套；4—压盘

图 4-19 心轴定位轴向夹紧薄壁套

1—自定心卡盘；2—心轴；3—薄壁套；4—压盘

5. 合理选择车刀材料及几何参数

1）应选用较大的主偏角，外圆精车刀 90°～93°，内孔精车刀 60° 左右。

2）适当增大副偏角，减少摩擦，降低车削热，外圆精车刀 15° 左右，内孔精车刀 30° 左右。

3）前角的选择，主要取决于被切材料的性能。应尽量使车刀锋利、切削轻快、排屑好。外圆精车刀 14°～16°，内孔精车刀 35° 左右。

4）后角不易过大，以减少工件加工中的振动，一般以 14°～16° 为好。

5）前角适当增大，一般为 25°～35°。

6）根据加工性质选择刃倾角，增大刃倾角可使车刀实际切削前角增大、实际切削刃口圆弧半径减小，有利于提高刀具的锋利程度。

7）刀尖圆弧半径及修光刃均选用较小值，以减小工件加工中的振动。

6. 合理选择切削液

选择比热容大、黏度小、流动性好的切削液，就可以吸收大量的热量，从而降低切削温度，减小薄壁套工件的变形。

另外，减少切削用量，减小吃刀量、进给量和切削速度，对于余量较大的工件，分粗、精车，适当增加走刀次数，都可以有效避免薄壁工件变形。

项目五

车 成 形 面

最终目标 ⟨⟨⟨

完成三球手柄的加工。

促成目标 ⟨⟨⟨

1. 掌握滚花刀在工件上的挤压方法及挤压要求。
2. 熟练掌握溜板箱各手轮的灵活应用方法。
3. 掌握车圆球的步骤和方法。
4. 掌握成形面的检测方法。
5. 掌握简单表面的修光方法。

任务一　滚花的加工

任务目标▶

1）了解滚花的种类及作用。
2）掌握滚花前的车削尺寸。
3）掌握滚花刀在工件上的挤压方法及挤压要求。
4）能分析滚花时产生乱纹的原因及预防方法。

任务实施▶

1. 零件图样

零件图样如图 5-1 所示。

d	滚花
φ43	网纹
φ41	直纹

序号	任务名称	训练内容	材料	规格
练 5-1	滚花的加工	滚花	45 钢	φ45×110

图 5-1 零件图样

2. 加工工艺分析

1）用自定心卡盘进行工装，夹住毛坯外圆，找正夹紧工件。

2）车平面和外圆φ43mm、长 60mm。

3）滚花部分外圆直径应略小于尺寸要求的外圆。

4）滚网纹。

5）车外圆φ41mm、长 60mm。

6）滚直纹。

3. 加工步骤

滚花加工的步骤如表 5-1 所示。

表 5-1　滚花加工的步骤

步骤序号	图示	备注
1	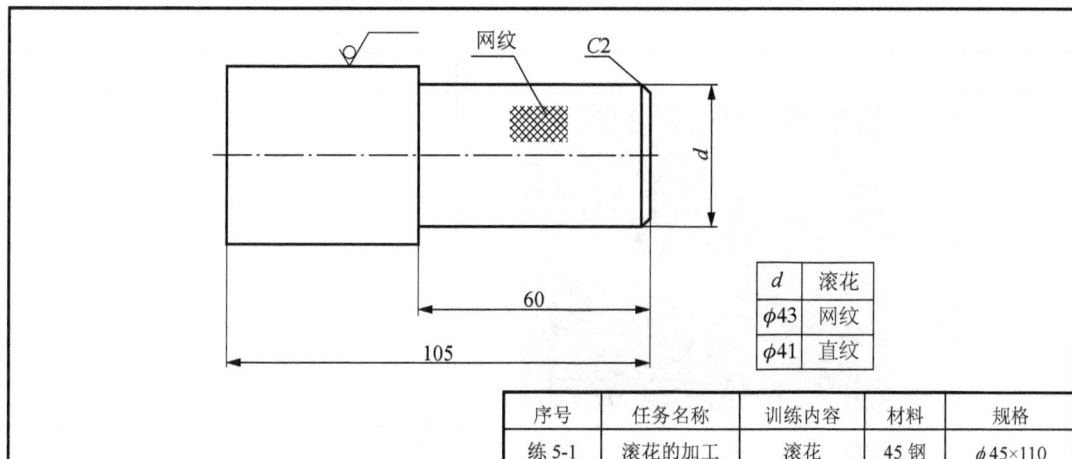	工件找正，装夹牢靠

续表

步骤序号	图示	备注
2		粗精车工件端面、外圆至尺寸要求
3		安装滚花车刀，车刀中心线要与工件中轴线平齐
4		开始滚花时接触面不要太大，以减少滚花时的径向压力
5		低速滚花，加切削液

续表

步骤序号	图示	备注
6		用手控制好中滑板手柄，滚网纹，检测网纹 m0.2
7		换直纹滚花刀，按上述方法滚直纹，检测直纹 m0.2

4. 零件的检测与评价

工件加工结束后要进行检测，并对工件进行误差与质量分析，将结果填入表 5-2 中。

表 5-2　滚花加工任务检测评价表

任务内容	滚花的加工			任务序号	练 5-1	
检测项目	检测内容	配分	自评	小组评	教师评	总得分
滚网花纹	外径 $\phi 43mm$	4				
	滚网纹 m0.2	10				
	网纹长度 60mm	5				
滚直花纹	外径 $\phi 41mm$	4				
	滚直纹 m0.2	10				
	直纹长度 60mm	5				
其他	倒角 C2	2				
	安全文明实习	5				

续表

检测项目	检测内容	配分	自评	小组评	教师评	总得分
工具设备的使用及维护	工具、量具、刀具的正确使用与维护	5				
	设备的正确使用与保养	5				
	操作的规范性	5				
总配分		60				

5. 注意事项

1）滚花时产生乱纹的原因如下。

① 滚花开始时，滚花刀与工件接触面太大，使单位面积压力变小，易形成微浅花纹，出现乱纹。

② 滚花刀转动不灵活，或滚刀槽中有细屑阻塞，有碍滚花刀压入工件。

③ 转速过高，滚花刀与工件容易产生滑动。

④ 滚轮间隙太大，产生径向跳动与轴向窜动等。

在滚花刀接触工件表面开始滚压时，必须使用较大的压力进给，使工件滚压出较深的花纹，否则易产生乱纹。

2）滚花时，滚花刀和工件均会受到很大的径向压力，因此，滚花刀和工件必须装夹牢固。

3）滚花时，不能用手或棉纱去接触滚压表面，以防绞手伤人或棉纱卷入伤人。清除切屑时应避免毛刷接触工件与滚轮的咬合处。

4）滚花时，切削速度应选低一些，一般为 5～10m/min；纵向进给量应选大一些，一般为 0.3～0.6mm/r。

5）滚花时，若发现乱纹应立即退刀并检查原因，及时纠正。

6）滚直花纹时，滚花刀的齿纹必须与工件轴线平行，否则滚压出的花纹不平直。

7）车削带有滚花表面的工件时，应注意加工工艺安排，通常在粗车后随即进行滚花，校正工件后再精车其他部位。

8）车削带有滚花表面的薄壁套类工件时，应先滚花，再钻孔和车孔，以减少工件的变形。

9）滚压时须浇注充足的切削液，并经常清除滚压产生的切屑。

10）细长工件滚花时，要防止顶弯工件；薄壁工件要防止变形。

11）当压力过大、进给量过慢时，压花表面往往会滚出台阶形凹坑。

知识链接 ▶

为了增加摩擦力和使零件表面美观，往往在零件表面或捏手部位滚出各种不同的花纹，

如车床的刻度盘、千分尺的微分筒及铰、攻扳手等。这些花纹一般是在车床上用滚花刀滚压而成的。

1. 花纹的种类

花纹有直花纹、斜花纹和网花纹（简称直纹、斜纹和网纹）3 种，如图 5-2 所示。

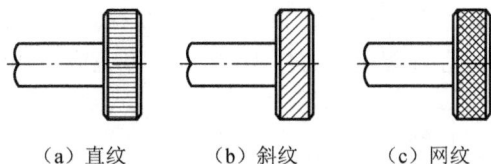

（a）直纹　　　（b）斜纹　　　（c）网纹

图 5-2　花纹的种类

2. 滚花刀的种类

滚花刀一般有 3 种：单轮、双轮和六轮，如图 5-3 所示。其中，单轮滚花刀通常用于加工直纹和斜纹，双轮滚花刀和六轮滚花刀用于滚压网纹。双轮滚花刀由节距相同的一个左旋和一个右旋滚花刀组成。六轮滚花刀根据节距大小分为 3 组，装夹在同一个特制的刀柄上，有粗、中、细 3 种供选用。滚花刀的直径一般为 25～30 mm。

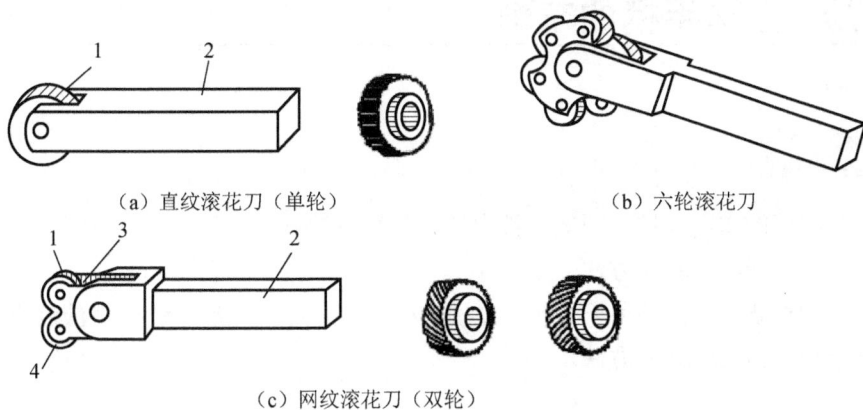

（a）直纹滚花刀（单轮）　　　　　　　（b）六轮滚花刀

（c）网纹滚花刀（双轮）

图 5-3　各种滚花刀

1，4—滚轮；2—刀柄；3—夹持架

3. 滚花的车削方法

（1）滚花前的工件尺寸

由于滚花时会使工件表面产生塑性变形，所以在车削滚花外圆时，应根据工件材料的性质和滚花的节距大小，将滚花部位的外径车小（0.2～0.5）p（p 为节距）或（0.8～1.7）m（m 为模数）。

（2）滚花刀的安装与车削方法

滚花刀的安装应与工件表面平行。开始滚压时，挤压力要略大，使工件圆周在一开始就形成较深的花纹，这样就不容易产生乱纹。

为了减少开始的径向压力，可用滚花刀宽度的 1/2 或 1/3 进行挤压，或把滚花刀尾部略向左装一些，使滚花刀与工件表面产生一个很小的夹角，这样滚花刀就容易切入工件表面。然后保持较慢转速，当滚花刀与工件表面接触时，停车检查，确定工件表面没有发生乱纹现象后，即可纵向机动进给进行滚花，这样 1~2 次就可完成，如图 5-4 所示。

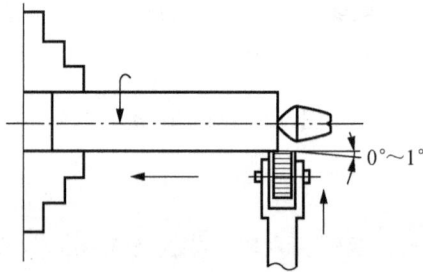

图 5-4　滚花刀的安装与车削方法

任务二　三球手柄的车削

任务目标▶

1）了解圆球的作用和加工圆球时长度 L 的计算方法。

2）掌握车圆球的步骤和方法。

3）根据图样要求，能够用千分尺、R 规、样板和套环对成形面进行测量检测。

4）掌握简单的表面修光方法。

任务实施▶

1．零件图样

零件图样如图 5-5 所示。

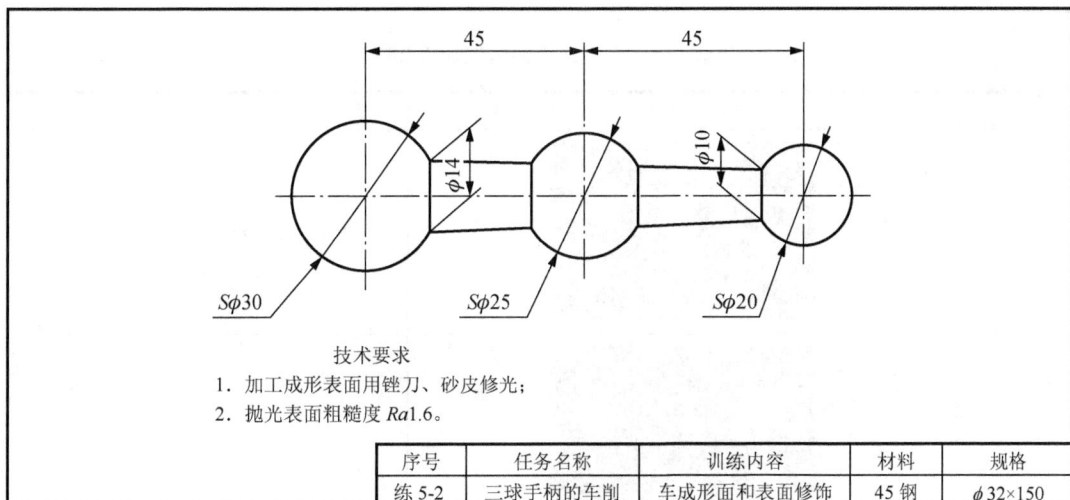

技术要求

1. 加工成形表面用锉刀、砂皮修光；
2. 抛光表面粗糙度 $Ra1.6$。

序号	任务名称	训练内容	材料	规格
练 5-2	三球手柄的车削	车成形面和表面修饰	45 钢	$\phi32\times150$

图 5-5　零件图样

2. 加工工艺分析

1）三球手柄加工采用一夹一顶或双顶尖装夹。

2）车平面、台阶 $\phi8mm\times6mm$，并钻中心孔 $\phi3mm$，用作夹持，后续要去除。

3）掉头、车平面、台阶 $\phi8mm\times6mm$，并控制总长 115mm。

4）工件装夹在两顶尖上，粗车外圆 $\phi25^{+0.1}_{0}mm$，并控制左端大外圆长 28.5mm，续车外圆 $\phi20^{+0.1}_{0}mm$，并控制左端台阶长 72mm。

5）车槽 $\phi13mm\times24.8mm$，并控制小外圆长 19mm，车槽 $\phi14.5mm\times20.5mm$，并控制外圆 $\phi25^{+0.1}_{0}mm$ 的长度为 22.2mm，大外圆长度为 28.5mm.

6）调头装夹工件，粗车外圆 $\phi30^{+0.1}_{0}mm$。

7）车 $\phi30mm$ 球面至尺寸要求，掉头车 $\phi25mm$ 球面及 $\phi20mm$ 球面至尺寸要求。

8）旋转小滑板，车圆锥体。

9）用锉刀、砂皮修光表面至粗糙度要求。

10）车掉夹持台阶，并修光其表面。

3. 加工步骤

车削三球手柄的加工步骤如表 5-3 所示。

表 5-3　车削三球手柄的加工步骤

步骤序号	图示	备注
1		装夹工件并找正夹紧
2		车平面、台阶 ϕ8mm×6mm
3		钻中心孔 ϕ3mm
4		掉头装夹工件
5		车平面、台阶 ϕ8mm×6mm，控制总长 115mm

步骤序号	图示	备注
6		钻中心孔 $\phi 3$mm
7		一夹一顶装夹工件
8		粗车外圆 $\phi 25^{+0.1}_{0}$ mm，并控制左端大外圆长 28.5mm
9		车外圆 $\phi 20^{+0.1}_{0}$ mm，并控制左端台阶长 72mm
10		车槽 $\phi 13$mm×24.8mm，并控制小外圆长 19mm

步骤序号	图示	备注
11		车槽ϕ14.5mm×20.5mm，并控制外圆ϕ25$^{+0.1}_{0}$ mm 的长度为22.2mm，大外圆长度为28.5mm
12		掉头装夹工件，粗车外圆ϕ30$^{+0.1}_{0}$ mm
13		车$S\phi$30mm 球面至尺寸要求
14		掉头车$S\phi$25mm 球面及$S\phi$20mm 球面至尺寸要求
15		旋转小滑板1°45′，然后车圆锥体

步骤序号	图示	备注
16		用锉刀、砂皮修整抛光大、中、小球面及锥体外圆
17		用自制夹套或垫铜皮夹住球面，车去ϕ8mm、长6mm小台阶（两个），并用锉刀、砂皮抛光至粗糙度要求
18		用R规检测成形面，用其他量具检查测量锥面

4. 零件的检测与评价

工件加工结束后要进行检测，并对工件进行误差与质量分析，将结果填入表5-4中。

表5-4 车削三球手柄任务检测评价表

任务内容	三球手柄的车削			任务序号		练5-2	
检测项目	检测内容	配分	自评	小组评	教师评	总得分	
球面	$S\phi$30mm	10					
	$S\phi$25mm	10					
	$S\phi$20mm	10					
外圆	ϕ14mm	5					
	ϕ10mm	5					
长度	45mm	5					
	45mm	5					

续表

检测项目	检测内容	配分	自评	小组评	教师评	总得分
其他	表面粗糙度	6				
	安全文明实习	5				
工具设备的使用及维护	工具、量具、刀具的正确使用与维护	3				
	设备的正确使用与保养	3				
	操作的规范性	3				
总配分		70				

5. 注意事项

1）利用双手控制法操作的关键是双手配合要协调、熟练。要求准确控制车刀切入深度，防止将工件局部车得过小。

2）车削时需经过多次合成进给运动，才能使车刀刀尖逐渐逼近图样要求的曲面。

3）装夹工件时，伸出长度应尽量短，以增强其刚性。若工件较长，可采用一夹一顶的方法装夹。

4）车削曲面时，车刀最好从曲面高处向低处送进。为了增加工件刚性，先车距离卡盘较远的曲面，再车距离卡盘较近的曲面。

5）用双手控制法车削复杂成形面时，应将整个形面分解成几个简单的形面逐一加工。同时注意，无论分解成多少个简单的形面，其测量基准都应保持一致，并与整体形面的基准重合；对于既有直线又有圆弧的形面曲线，应先车直线部分，再车圆弧部分。

6）锉削修整时，用力不能过猛，严禁用无柄锉刀，应注意操作安全。

7）初次车削球面时经常用半径样板测量，要培养目测能力及协调双手控制进给的能力，防止将球面车成扁球形或椭圆球形。

8）用锉刀和砂皮修光球形表面时要注意安全操作。圆弧车刀要对准工件中心，且要保持锋利。

知识链接 ▶

1. 成形面的加工方法

有些机器零件表面全剖主视图呈曲线，如摇手柄、圆球手柄等，如图 5-6 所示。具有这些特征的表面叫成形面，也叫特形面。

在机床上加工这些成形面时，根据这些工件的表面特征、精度要求和批量大小等不同情况，一般采用双手控制法、成形法、靠模法等加工方法。

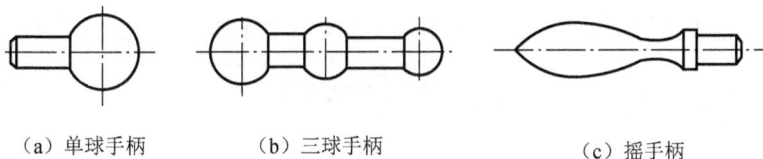

（a）单球手柄　　　（b）三球手柄　　　（c）摇手柄

图 5-6　成形面零件

（1）双手控制法

在单件加工时，用双手同时摇动中滑板和小滑板手柄，或者同时摇动中滑板与大滑板手柄，通过双手的协调配合，使刀尖走过的轨迹与成形面曲线相符，从而车出所要求的成形面，如图 5-7 所示。利用双手控制法车削成形面的特点是灵活、方便，不需要其他辅助的加工工具，但需较高的技术水平。

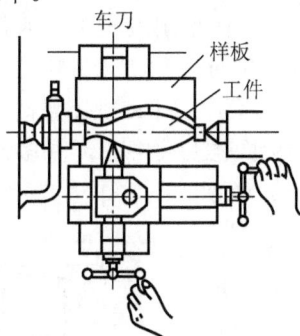

图 5-7　双手控制法车削手柄

1）车圆球时刀尖轨迹分析。车刀刀尖在各位置上的横向、纵向进给速度是不相同的，如图 5-8（a）所示。车削 a 点时，中滑板横向进给速度 V_{ay} 要比大滑板纵向进给速度 V_{ax} 慢；车削 b 点时，中滑板横向进给速度 V_{by} 与大滑板纵向进给速度 V_{bx} 相等；车削 c 点时，中滑板横向进给速度 V_{cy} 要比大滑板纵向进给速度 V_{cx} 快。即纵向进给的移动速度为快→中→慢，横向进给的移动速度为慢→中→快。关键是双手配合要协调、熟练。在车削时一般采用圆头车刀，如图 5-8（b）所示。

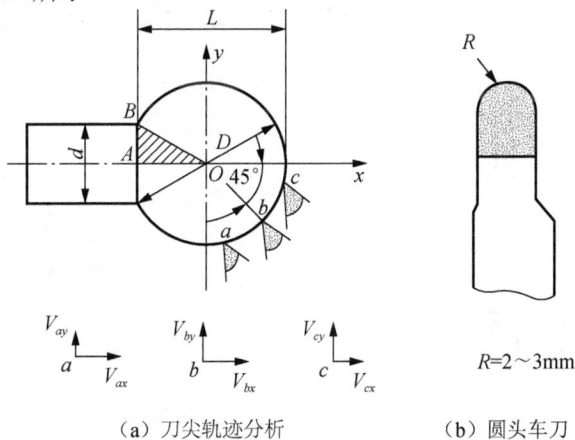

（a）刀尖轨迹分析　　　　　（b）圆头车刀

图 5-8　车刀刀尖轨迹分析

2）计算球面部分的长度 L。如图 5-8（a）所示，在直角三角形 AOB 中

$$L = \frac{D}{2} + AO = \frac{D}{2} + \frac{1}{2}\sqrt{D^2 - d^2}$$

$$= \frac{1}{2}\left(D + \sqrt{D^2 - d^2}\right)$$

式中　L——球状部分长度，mm；

　　　D——圆球直径，mm；

　　　d——柄部直径，mm。

3）圆头车刀的几何角度。利用双手控制法车削成形面时经常采用的车刀是圆头车刀，它是由切槽刀刃磨而成的，其几何角度如图 5-9 所示。

4）球面的测量方法。成形面零件在车削过程中一般都用样板、R 规、外径千分尺等来测量，如图 5-10 所示。用样板测量时应对准工件中心，通过观察样板与工件之间的间隙大小来修整工件，如图 5-10（a）所示；用 R 规测量时也是通过其间隙透光情况进行修整的；用外径千分尺测量球面时应通过工件中心，并多次变换测量方向，使其测量精度在尺寸要求范围内，如图 5-10（b）所示。

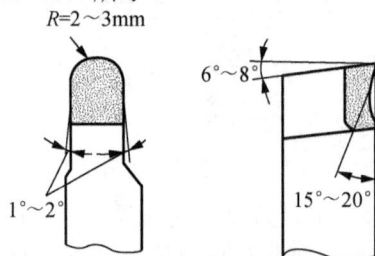

图 5-9　圆头车刀的几何角度

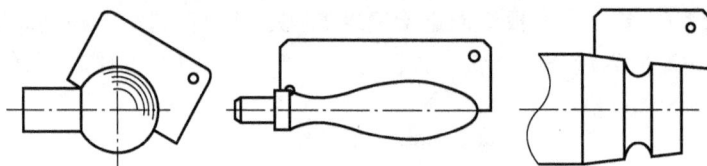

（a）用样板检测成形面

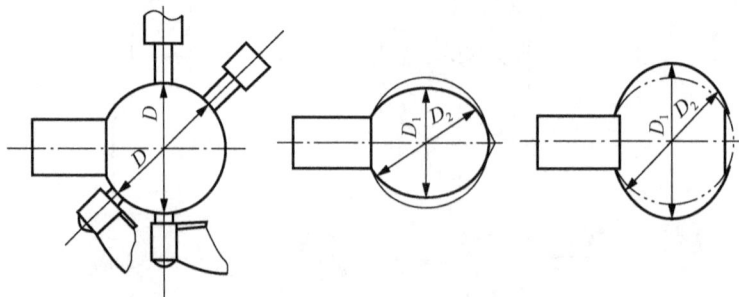

（b）用外径千分尺检测成形面

图 5-10　检测成形面的方法

（2）成形法

将刀刃磨成与成形面曲线相同的形状，刀具只做纵向或横向进给即可，成形车刀如图 5-11 所示。该方法操作简单，适用于加工刚性较好的工件。

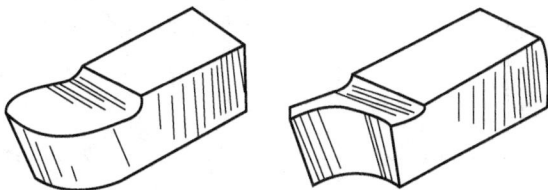

图 5-11　成形车刀

（3）靠模法

将刀头磨成圆弧形，使刀架与成形导轨相连，保证刀架按成形导轨移动。由于要在车床上安装特殊附件，所以该方法常用于工厂生产。

2．表面修饰

当用双手控制法车削成形面时，往往由于手动进给不均匀，而在工件表面上留下刀痕，抛光的目的就在于去除这些刀痕，降低表面粗糙度，提高表面质量。通常采用锉刀修光和砂皮抛光两种方法。

（1）锉刀修光

在车床上修整成形面时，一般选用平锉或半圆锉。在锉削时，为保证安全，应用左手握锉刀柄，右手握锉刀前端，以免卡盘勾勾衣伤人。工件的余量一般在 0.1 mm 左右。推锉的速度要慢（一般每分钟 40 次左右），压力要均匀，否则会把工件锉扁或呈节状。锉削时的转速要合理，转速太高，容易磨钝锉齿；转速太低，容易把工件锉扁。

（2）砂皮抛光

砂皮抛光时主轴转速应比车削时高些，手在移动砂皮时要均匀缓慢。修整过程中，衣袖口纽扣要系好，以保证安全。车床上抛光用的砂皮，一般用金刚砂制成，常用的型号有 00 号、0 号、1 号、1.5 号、2 号等，号数越小，砂皮越细，抛光后的表面粗糙度越低。使用砂皮抛光工件时，一般将砂皮垫在锉刀下面进行，当余量较少时也可直接用手捏住砂皮进行抛光，但需注意安全。成批抛光时最好用抛光夹抛光，也可在细砂皮上加机油抛光。砂皮抛光内孔时要选取尺寸小于孔径的木棒，一端开槽。将撕成条状的砂皮一头插进槽内，以顺时针方向把砂皮绕在木棒上，然后放进孔内进行抛光。

3．车削单球手柄的步骤

1）计算球体长度 L。

2）车端面及外圆到尺寸 D（留精车余量 0.2～0.3mm）。

3）车槽，车准槽底尺寸 d，并车准球状部分长度 L，如图 5-12（a）所示。

4）用 $R=3mm$ 的圆头车刀从 a 点向左、右方向（$a→c$ 点及 $a→b$ 点）逐步把余量车去

而形成球头，并在 c 点处用切断刀修清角，如图 5-12（b）所示。

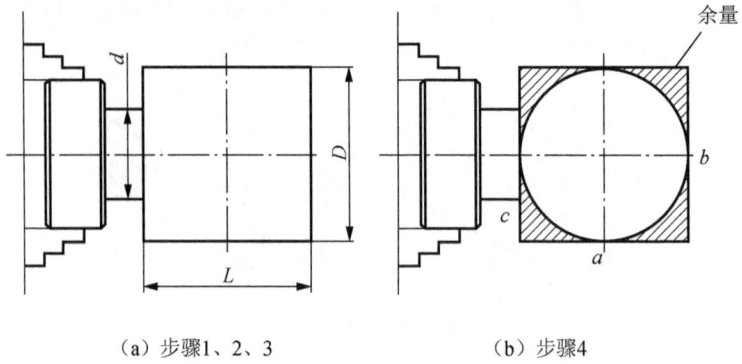

（a）步骤1、2、3   （b）步骤4

图 5-12   单球手柄的车削

5）修整。由于手动进给车削，工件表面往往留下高低不平的刀痕，因此必须用细板锉修光，再用 1 号或 0 号砂皮加机油进行表面修光。

项目六

螺纹加工

最终目标 《《《

掌握简单三角形螺纹配合件的精确加工方法。

促成目标 《《《

1. 掌握车床铭牌及进给箱手柄的调节方法。
2. 掌握螺纹的切削方法——开倒顺车。
3. 掌握螺纹测量工具在零件加工中的正确使用方法。
4. 能够正确使用切削液,合理选择切削用量。

任务一 车螺纹动作练习

任务目标▶

1) 了解三角形螺纹车刀的工装。
2) 熟练掌握螺纹车削动作。

任务实施▶

1. 三角形螺纹车刀的装夹

1)选用合适数量(不超过三片)垫片垫到螺纹车刀刀柄下,车刀刀尖位置一般应对准工件中心(可根据尾座顶尖高度检查)。

2)装刀时可用样板来对刀,车刀刀尖角的对称中心线必须与工件轴线垂直,如图6-1(a)

所示，如果车刀装歪，就会出现图6-1（b）所示的牙型歪斜现象。

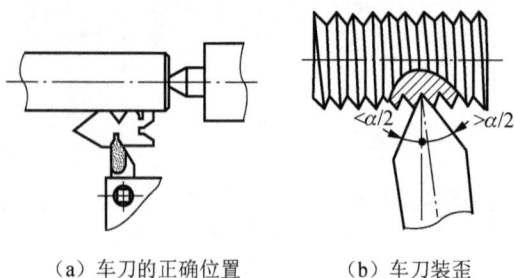

（a）车刀的正确位置　　　　（b）车刀装歪

图6-1　外螺纹车刀的位置

3）刀头伸出部分不要过长，一般为20～25mm（约为导杆厚度的1.5倍）。

4）确认无误后，用刀架钥匙夹紧车刀。

2. 车螺纹动作练习

（1）车螺纹时车床的调整

1）变换手柄位置。一般按工件螺距在进给箱铭牌上找到交换齿轮的齿数和手柄位置，并把手柄拨到所需的位置。

2）调整交换齿轮。某些车床根据铭牌表所具备的齿轮，需重新调整交换齿轮。其方法如下。

① 切断机床电源，将车头变速手柄放在中间空挡位置。

② 识别有关齿轮、齿数及上、中、下轴。

③ 在调整交换齿轮时，先把齿轮套筒和小轴擦干净，增加其相互之间的间隙，并涂上润滑油（有油杯的应装满润滑脂，定期用手旋进）。套筒的长度要小于小轴台阶的长度，否则螺母压紧套筒后，中间轮就不能转动，开车时会损坏齿轮或扇形板。

交换齿轮啮合间隙的调整是指变动齿轮在交换齿轮架上的位置或变动交换齿轮架本身的位置，使各齿轮的啮合间隙保持在 0.1～0.15mm。如果太紧，挂轮在转动时会产生很大的噪声并损坏齿轮。

3）调整滑板间隙。调整中、小滑板镶条时，不能太紧也不能太松。若太紧，则摇动滑板费力，操作不灵活；若太松，则车螺纹时容易产生"扎刀"。顺时针方向旋转小滑板手柄，可消除小滑板丝杠与螺母的间隙。

【注意】滑板间隙较大时，要适当调整镶条，调整时应在教师的指导下进行，不可随意自行调节。

（2）车螺纹的动作练习

1）选择主轴转速为 200r/min 左右，开动车床，将主轴倒、顺转数次，然后合上开合螺母，检查丝杠与开合螺母的工作情况是否正常，若有跳动和自动抬闸现象，必须消除。

2）空刀练习车螺纹的动作，可选螺距2mm，转速165～200r/min。开车练习开合螺母

的分合动作，先退刀，后提开合螺母（间隔瞬时），动作协调。

3）试切螺纹。首先车工件端面、外圆至尺寸要求，再在已加工的外圆上，根据螺纹长度，用车刀刀尖开车径向进给，使车刀与工件轻微接触，车出一条刻线作为螺纹终止线退刀标记，如图 6-2 所示。记住此时中滑板刻度盘的读数，退刀。然后将床鞍摇至离工件端面 8～10 牙处，径向进给 0.05mm 左右。接着调整刻度盘"0"位（以便车螺纹时掌握背吃刀量），合上开合螺母，在工件表面上车出一条有痕螺纹线，到螺纹终止线时迅速退刀，提起开合螺母（注意螺纹收尾在 2/3 圈之内）。最后用钢直尺或螺距规检查螺距，如图 6-3 所示。

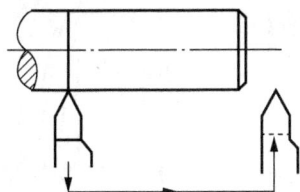

图 6-2　螺纹终止退刀标记

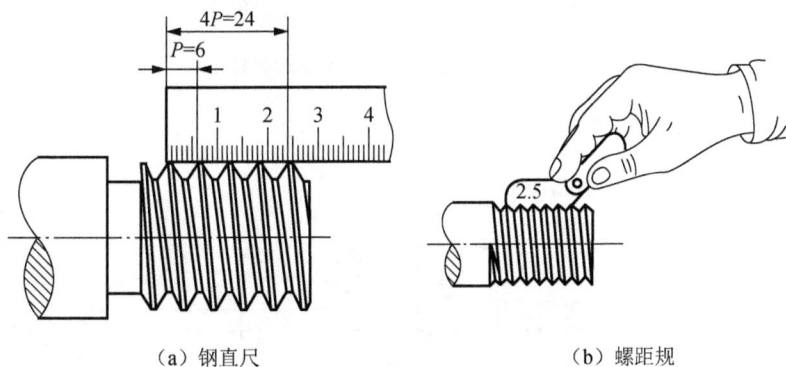

（a）钢直尺　　　　　　　　　　　（b）螺距规

图 6-3　检查螺距

知识链接 ▶

1. 螺纹的种类

螺纹按牙型可分为三角形螺纹、矩形螺纹、梯形螺纹和锯齿形螺纹；按用途可分为连接螺纹和传动螺纹；按螺旋线方向可分为左旋螺纹和右旋螺纹；按螺旋线数可分为单线螺纹和多线螺纹；按形成螺旋线的形状可分为圆柱螺纹和圆锥螺纹。

2. 三角形螺纹的用途和特点

在机器制造业中，三角形螺纹应用很广泛，常用于连接和紧固零件；在工具和仪器中还具有调节的功能。

三角形螺纹的特点：螺距小、一般螺纹长度短。其基本要求是螺纹轴向剖面牙型角必

须正确，两侧面表面粗糙度小，中径尺寸符合精度要求，螺纹与工件轴线保持同轴。

3．三角形螺纹的各部分名称

三角形螺纹的各部分名称为：螺纹大径（外螺纹为 d，内螺纹为 D）、螺纹小径（外螺纹为 d_1，内螺纹为 D_1）、公称直径（d 或 D 代表螺纹尺寸直径）、中径（$2d_2=d+d_1$，$2D_2=D+D_1$）、牙型高 h、牙型角 α、螺距 P、导程 H 及螺纹升角 φ，如图6-4所示。

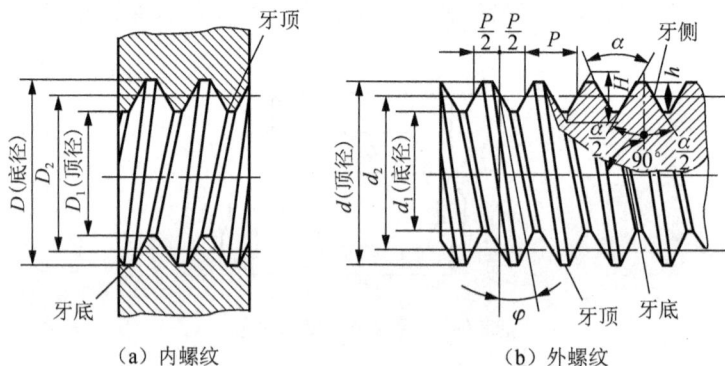

图6-4　三角形螺纹各部分的名称

4．三角形螺纹的尺寸计算

三角形螺纹各部分的尺寸如图6-5所示。

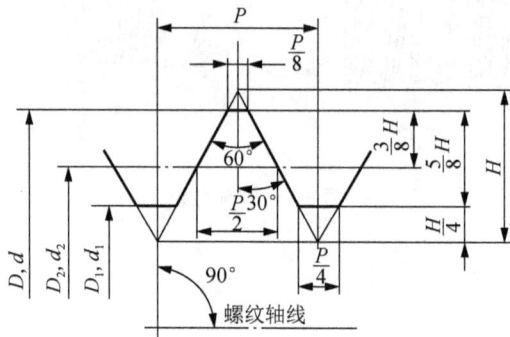

图6-5　三角形螺纹各部分的尺寸

三角形螺纹的尺寸计算如表6-1所示。

表6-1　三角形螺纹的尺寸计算　　　　　　　　　单位：mm

名称		代号	计算公式
外螺纹	牙型角	α	60°
	原始三角形高度	H	$H=0.866P$

名称		代号	计算公式
外螺纹	牙型高度	h	$h = \dfrac{5}{8}H = \dfrac{5}{8} \times 0.866P = 0.5413P$
	中径	d_2	$d_2 = d - 2 \times \dfrac{3}{8}H = d - 0.6495P$
	小径	d_1	$d_1 = d - 2h = d - 1.0825P$
	牙顶宽	f	$f = 0.125P$
	牙底宽	w	$w = 0.25P$
内螺纹	中径	D_2	$D_2 = d_2$
	小径	D_1	$D_1 = d_1$
	大径	D	$D = d = $ 公称直径
	牙顶宽	W	$W = 0.25P$
	牙底宽	F	$F = 0.125P$
螺纹升角		φ	$\tan\varphi = \dfrac{nP}{\pi d_2}$

5. 三角形螺纹车刀的分类及刀具角度

三角形螺纹车刀分为高速钢车刀和硬质合金车刀，如图 6-6 所示。

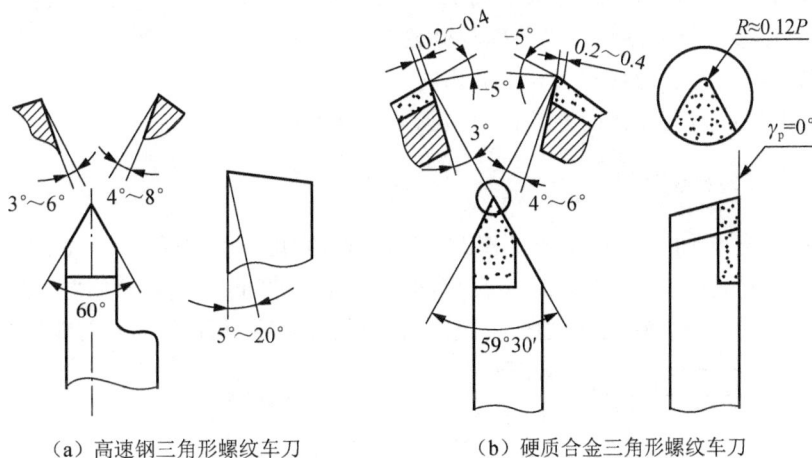

（a）高速钢三角形螺纹车刀　　　　（b）硬质合金三角形螺纹车刀

图 6-6　三角形螺纹车刀

1）刀尖角应等于牙型角。车普通螺纹时为 60°，车寸制螺纹时为 55°。

2）前角一般为 0°～15°。因为螺纹车刀的纵向前角对牙型角有很大影响，所以精车或车精度要求高的螺纹时，径向前角可取得小些，一般为 0°～5°。

3）后角一般为 5°～10°。因受螺纹升角的影响，进刀方向一面的后角应磨得稍大些。但对于大直径、小螺距的三角形螺纹，这种影响可以忽略不计。

4）要根据粗车、精车要求，刃磨出合理的前角和后角。粗车刀前角大、后角小，精车

刀正好相反。刃磨后左右两边的刀刃必须呈直线，无崩刃，刀头不能歪斜，牙型角半角相等。

6. 螺纹车刀刃磨的方法

螺纹车刀刃磨的方法如图 6-7 所示。

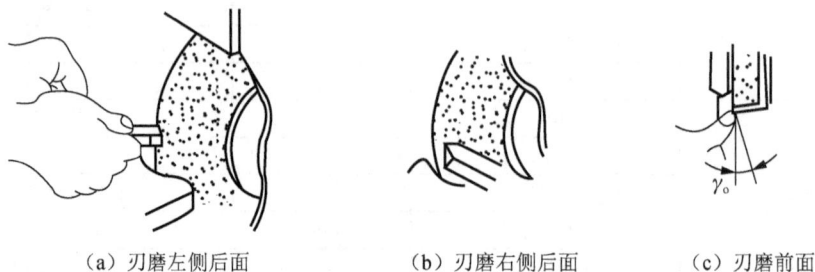

（a）刃磨左侧后面　　　　　（b）刃磨右侧后面　　　　　（c）刃磨前面

图 6-7　螺纹车刀刃磨的方法

1）粗磨后面。先磨左侧后面：双手紧握刀，使刀柄与砂轮外圆水平方向成 30°角，垂直方向倾斜 8°～10°，慢慢靠近砂轮，当车刀与砂轮接触后略用力加压，均匀移动进行磨削。然后磨右后面，边磨边用磨刀样板检查直至达到要求。

2）粗磨前面。前刀面与砂轮水平成 10°～15°的倾斜角，同时使右侧切削刃略高于左侧切削刃。然后慢慢靠近砂轮，当前面与砂轮接触后略加力进行磨削。

3）精磨。各个面的精磨方法与粗磨相同。

4）刃磨刀尖。刀尖轻轻接触砂轮后做圆弧形摆动即可。

7. 螺纹车刀的检测方法

为了保证磨出准确的刀尖角，在刃磨时可以用螺纹角度样板进行测量，如图 6-8 所示。测量时把刀尖角与样板贴合，对准光源，仔细观察两边贴合的间隙，并进行修磨。测量时，样板应与车刀底面平行，并用透光法检验。对于精度很高的刀尖角，可以用游标万能角度尺来检验。

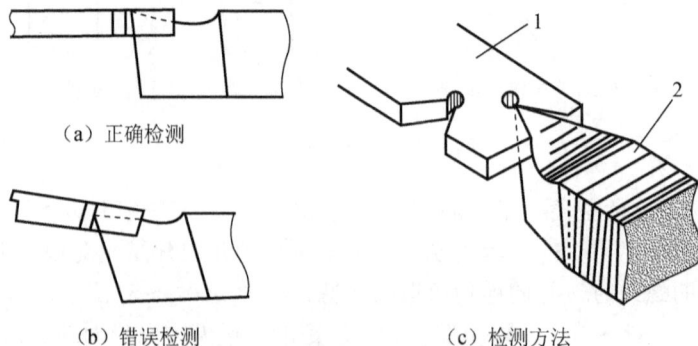

（a）正确检测

（b）错误检测　　　　　（c）检测方法

图 6-8　螺纹车刀的检测方法

1—角度样板；2—三角形螺纹车刀

任务二　三角形外螺纹的车削

任务目标 ▶

1）掌握车三角形外螺纹的基本动作和方法。

2）掌握运用倒顺车车三角形外螺纹的方法。

3）能判断螺纹牙型、底径、牙宽是否正确并进行修正，熟练掌握中途对刀的方法。

4）掌握用螺纹环规检查三角形外螺纹的方法。

任务实施 ▶

1. 零件图样

零件图样如图6-9所示。

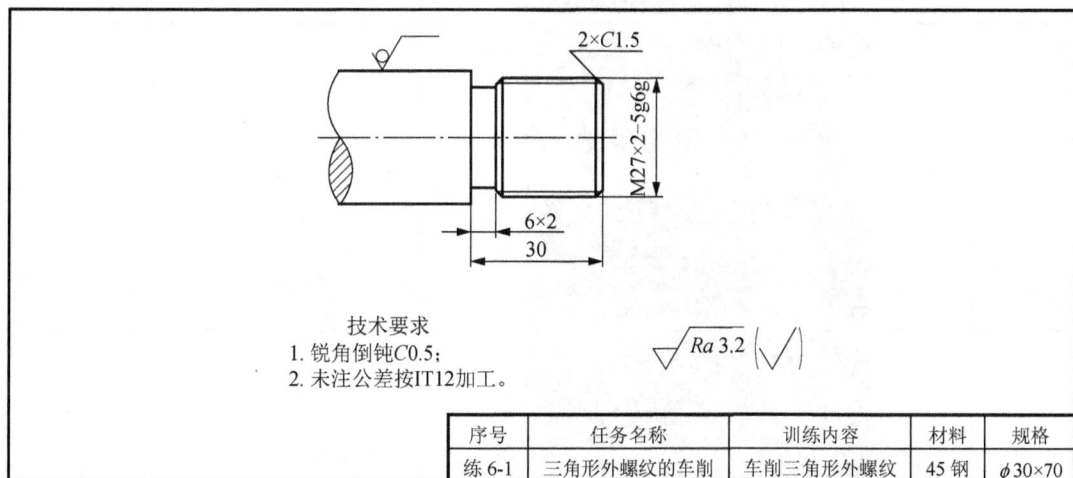

技术要求
1. 锐角倒钝C0.5；
2. 未注公差按IT12加工。

序号	任务名称	训练内容	材料	规格
练6-1	三角形外螺纹的车削	车削三角形外螺纹	45钢	$\phi 30 \times 70$

图6-9　零件图样

2. 加工工艺分析

1）装夹工件伸出部分长50mm左右，找正夹紧。

2）粗精车外圆ϕ27mm、长度30mm至尺寸要求。

3）螺纹部分的外圆尺寸应略小于ϕ27mm。

4）倒角C1.5。

5）用切槽刀加工退刀槽6mm×2mm。

6）倒角C1.5。

7）粗精车三角形螺纹 M27×2mm、长 24mm 至尺寸要求。

8）检查。

3. 加工步骤

三角形外螺纹车削的加工步骤如表 6-2 所示。

表 6-2　三角形外螺纹车削的加工步骤

步骤序号	图示	备注
1		1）夹持工件毛坯外圆长 50mm 左右，找正夹紧； 2）粗精车工件端面
2		粗精车外圆φ27mm、长度 30mm 至尺寸要求
3		1）倒角 C1.5 2）锐角倒钝 C0.5
4		粗精车退刀槽 6mm×2mm

步骤序号	图示	备注
5		倒角 C1.5
6		用对刀样板正确安装外螺纹车刀
7		按照车床铭牌调整进给箱手柄
8		调整挂轮箱
9		粗精车三角形外螺纹 M27×2-5g6g

步骤序号	图示	备注
10		使用通规检测，能够顺利旋进
11		使用止规检测，只能旋进两圈左右

4. 零件的检测与评价

工件加工结束后要进行检测，并对工件进行误差与质量分析，将结果填入表 6-3 中。

表 6-3　三角形外螺纹车削任务检测评价表

任务内容	三角形外螺纹的车削			任务序号	练 6-1	
检测项目	检测内容	配分	自评	小组评	教师评	总得分
螺纹	M27×2-5g6g	12				
槽	6mm×2mm	6				
长度	30mm	4				
其他	倒角 C1.5	2				
	锐角倒钝 C0.5	2				
	安全文明实习	5				
工具设备的使用及维护	工具、量具、刀具的正确使用与维护	3				
	设备的正确使用与保养	3				
	操作的规范性	3				
总配分		40				

5. 注意事项

1）外螺纹大径一般要比公称尺寸小 0.2～0.4mm（0.13P），以保证牙顶有足够的宽度。

2）车削外螺纹前，要检查大、中和小滑板的松紧程度是否合适，并检查机床各手柄是否调整到位。

3）车螺纹时外圆倒角应小于螺纹小径，有退刀槽的应先加工退刀槽，再加工螺纹。

4）车削时进给量不能过大，以免因切削量大、排削困难而造成扎刀或崩刃。应始终保持车刀刀刃锋利，换刀或中途磨刀后，要重新对刀并调整中滑板的刻度。

5）车削时，中滑板进退手柄应多摇一圈，否则会造成车刀的背吃刀量增大，进而造成车刀崩刃或损坏工件。

6）车削螺纹时是纵向进给，进给速度比较快。退刀或开启开合螺母必须及时，动作要协调。否则，会发生撞车事故。

7）退刀要及时、准确，尤其要注意退刀方向，先用中滑板使车刀退离工件表面后再开反车。正反车换向时不能过快，否则机床将受瞬间冲击而容易损坏。

8）使用环规检查时，不能用力过大或用扳手强拧，避免造成环规严重磨损或使工件发生位移。

9）工件在旋转时不能用棉纱去擦，以免棉纱卷入工件，同时将手指也一起卷进而造成事故；清除工件上的铁屑时应使用牙刷。

知识链接 ▶

1. 三角形外螺纹的测量方法

外螺纹的测量主要包括测量大径、螺距、中径和综合测量。

（1）大径

外螺纹的大径公差较大，可用游标卡尺或千分尺测量。

（2）螺距

外螺纹的螺距一般可用钢直尺测量，如图 6-10（a）所示。因普通外螺纹螺距比较小，测量时，建议测量 10 个螺距然后取平均值。螺距较大时可测量 2～5 个螺距然后取平均值。如果加工的是细牙，螺距很小，可用螺距规来测量，如图 6-10（b）所示。

（3）中径

外螺纹的中径一般用螺纹千分尺测量，如图 6-11 所示。对于精度要求较高的外螺纹，其中径可用三针测量（量具厂制作的专用量具），如图 6-12 所示。

（4）综合测量

用螺纹环规或螺纹塞规可综合检查三角形外螺纹。螺纹环规分为通规和止规。在检查时，先检查外螺纹的直径、螺距、牙型和表面粗糙度，再检查尺寸精度。当通规能通过而

止规不能通过时，说明精度符合要求。在螺纹精度要求不高时，也可以用标准螺母检查，以拧上工件时的松紧程度来确定。用螺纹环规检查三角形外螺纹的过程如图 6-13 所示。

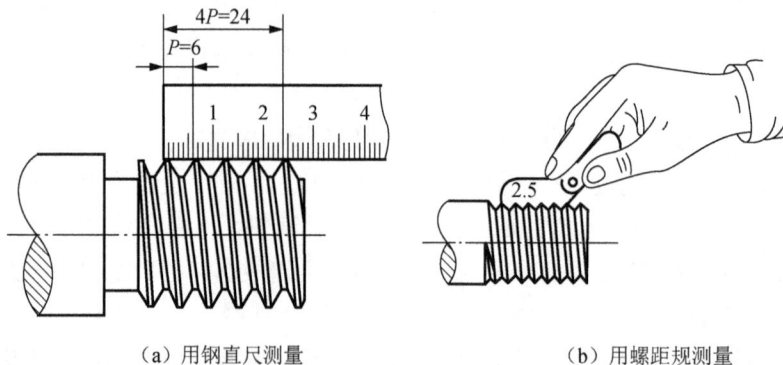

（a）用钢直尺测量　（b）用螺距规测量

图 6-10　螺距的测量

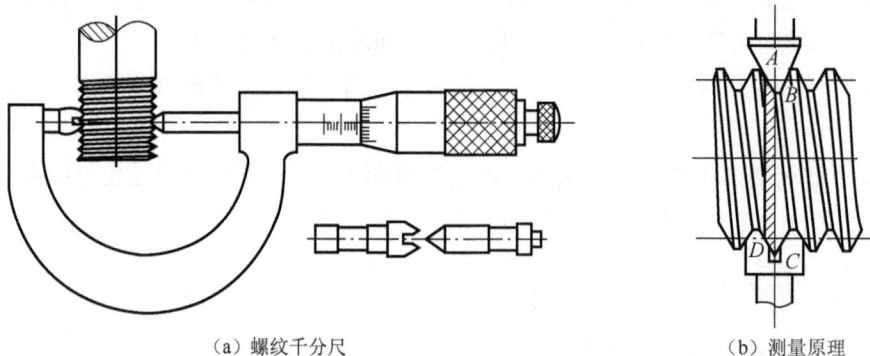

（a）螺纹千分尺　（b）测量原理

图 6-11　用螺纹千分尺测量外螺纹中径

A，C—测量螺杆；B—上测量头；D—下测量头

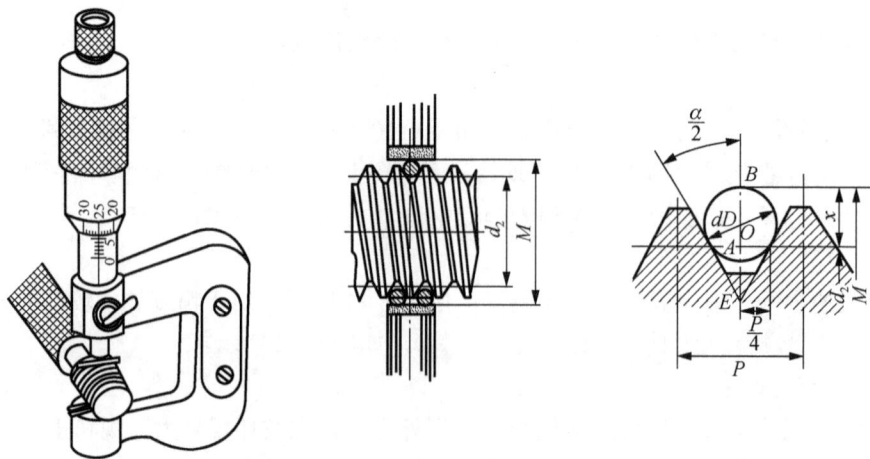

图 6-12　用三针测量外螺纹中径

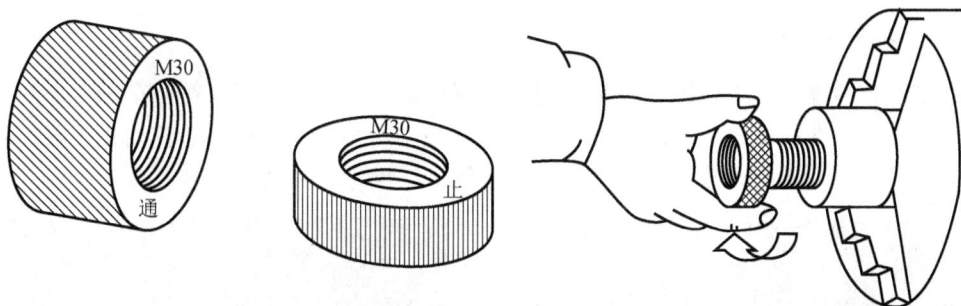

图 6-13　用螺纹环规综合检查三角形外螺纹

2. 车削外螺纹的方法

车削外螺纹的方法有直进法、左右切削法和斜进法。一般情况下车削 3～5 个工作行程即可完成，其进刀方法如图 6-14 所示。

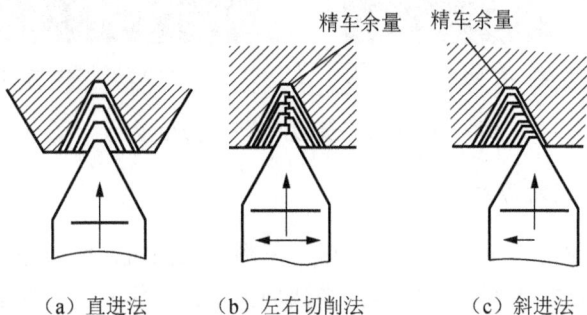

（a）直进法　　　　（b）左右切削法　　　　（c）斜进法

图 6-14　加工外螺纹时的进刀方法

（1）直进法

直进法就是在车削时只用中滑板横向进给，如图 6-14（a）所示。几次行程后，将螺纹车到所需要的尺寸和表面粗糙度。直进法适用于小于 3mm 的三角形外螺纹的车削。

（2）左右切削法

左右切削法就是在车螺纹时，除中滑板做横向进给外，同时用小滑板将车刀向左或向右做微量移动（俗称借刀），经过几次行程后完成螺纹车削，如图 6-14（b）所示。采用左右车削法车削外螺纹时，车刀只有一个切削刃进行车削，这样刀尖受力小，受热情况也有所改善，不易引起"扎刀"，可相对提高切削用量，但该方法操作复杂，牙型两侧的切削余量需合理分配。精车时车刀进给量一定要小，以保证理想的表面粗糙度和所需要的尺寸。

（3）斜进法

当螺距较大、螺纹槽较深、切削余量较多时，粗车时为了操作方便，除中滑板直进外，小滑板只向一个方向移动，这种方法称为斜进法，如图 6-14（c）所示。此方法只用于粗车，且每边牙侧留 0.1～0.2 mm 的精车余量。精车时，应采用左右切削法车削。

3. 实现走刀的方法

走刀有两种方法可实现：一种是启闭开合螺母法；另一种是正反转倒车法，如图 6-15 所示。当加工工件的螺距与车床丝杠的螺距成整数倍时可采用启闭开合螺母的方法操作；反之，则采用正反转倒车法操作，采用正反转倒车法操作时，速度一定要低。

（a）用开合螺母法加工外螺纹　　　　　　　　（b）用正反转倒车法加工外螺纹

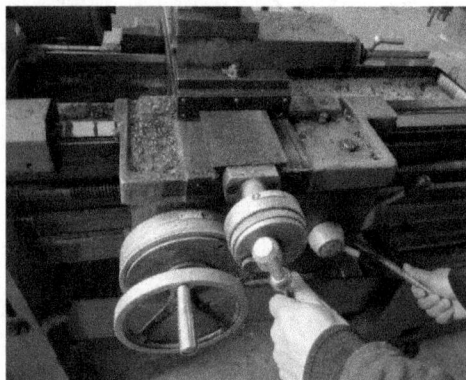

图 6-15　加工外螺纹时实现走刀的方法

4. 防止乱牙和重新对刀的方法

乱牙是指在车螺纹时，第一刀车削完后，车削第二刀时，螺纹车刀不在车削的螺旋槽内，从而会切掉前面已加工好的螺旋槽。当被加工工件的螺距与车床丝杠的螺距不是整数倍时，会出现乱牙现象。这时我们采用开倒顺车的方法来加工螺纹，可以避免乱牙现象。

重新对刀是指在加工螺纹时刀具发生崩刃等情况时，刀具须刃磨，刀具刃磨好安装后，为了防止乱牙，须重新对刀。重新对刀的方法是选择较低的机床转数，按下开合螺母，控制小刀架，使刀尖对准已加工过的螺旋槽中心，然后继续加工。

5. 背吃刀量的选择

车外螺纹时，其中，背吃刀量 $a_p=0.65P$（P 为螺距），中滑板转过格数 n 可用下式计算：

$$n = \frac{0.65P}{0.05} \quad （0.05\text{mm} \text{ 为中滑板的刻度值}）$$

6. 切削用量的选择

1）工件材料：加工塑性金属时，切削用量应相应增大；加工脆性金属时，切削用量应相应减小。

2）加工性质：粗车外螺纹时，切削用量可选得大一些；精车外螺纹时，切削用量宜选得小些。

3）螺纹车刀的刚度：车外螺纹时，切削用量可选得大一些；车内螺纹时，因为刀柄刚

度较差，切削用量宜选得小些。低速车削三角形外螺纹时的进给次数可参考表6-4。粗车第一、二刀时，因车刀刚切入工件，总的切削面积不大，所以背吃刀量可以大一些，以后每次背吃刀量应逐步减小。精车时，背吃刀量应更小，排出的切屑很薄（如锡箔一般）。背吃刀量因车刀两刃夹角小，散热条件差，故切削速度应比车外圆时低。低速切削螺距为 2～3mm、长度为 30mm 左右的螺纹，一般在 30min 内完成。

表 6-4 低速车削三角形外螺纹进给次数

进刀数	M 24　P=3mm			M 20　P=2.5 mm			M 16　P=2mm		
	中滑板进刀格数	小滑板进刀格数		中滑板进刀格数	小滑板进刀格数		中滑板进刀格数	小滑板进刀格数	
		左	右		左	右		左	右
1	11	0	—	11	0	—	10	0	—
2	7	3	—	7	3	—	6	3	—
3	5	3	—	5	3	—	4	2	—
4	4	2	—	3	2	—	2	2	—
5	3	2	—	2	1	—	1	1/2	—
6	3	1	—	1	1	—	1	1/2	—
7	2	1	—	1	0	—	1/4	1/2	—
8	1	1/2	—	1/2	1/2	—	1/4	—	2.5
9	1/2	1	—	1/4	1/2	—	1/2	—	1/2
10	1/2	0	—	1/4	—	3	1/4	—	1/2
11	1/4	1/2	—	1/2	—	0	1/4	—	1/2
12	1/4	1/2	—	1/2	—	1/2	1/4	—	0
13	1/2	—	3	1/4	—	1/2	螺纹深度=1.3mm，n=26 格		
14	1/2	—	0	1/4	—	0	说明：		
15	1/4	—	1/2	螺纹深度=1.625mm，n=32.5 格			1）小滑板每格为 0.05mm；		
16	1/4	—	0	2）中滑板每格为 0.05mm；					
	螺纹深度=1.95mm，n=39 格			3）粗车时转速选择 110～180 r/min，精车时转速选择 44～72 r/min					

任务三　三角形内螺纹的车削

任务目标▶

1）掌握三角形内螺纹孔径的计算方法。

2）掌握赶刀法（借刀法）车三角形内螺纹的方法。

3）掌握内螺纹车刀的修磨及对刀方法。

4）掌握用螺纹塞规检查内螺纹的方法。

任务实施 ▶

1. 零件图样

零件图样如图 6-16 所示。

技术要求
1. 未注倒角C2;
2. 锐角倒钝C0.5。

序号	任务名称	训练内容	材料	规格
练6-2	三角形内螺纹的车削	车削三角形内螺纹	45钢	$\phi 60 \times 30$

图 6-16　零件图样

2. 加工工艺分析

1）找正并夹紧工件，加工外圆端面至尺寸要求。

2）用 $\phi 35mm$ 麻花钻钻通孔。

3）粗精车外圆 $\phi 55mm$。

4）掉头，粗精车端面，外圆 $\phi 55mm$，并控制长度为 25mm。

5）换内孔车刀，粗精车内孔 $\phi 37.4mm$、长度 25mm 至尺寸要求。

6）倒角 C2。

7）用内螺纹车刀，粗精车内三角形螺纹 M39×2mm。

8）检查。

3. 加工步骤

三角形内螺纹的车削步骤如表 6-5 所示。

表 6-5　三角形内螺纹的车削步骤

步骤序号	图示	备注
1	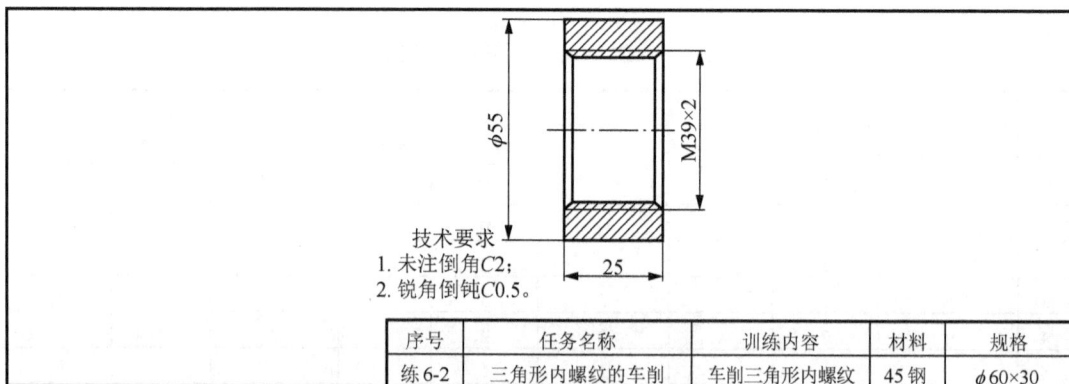	将工件装夹在卡盘上，找正并夹紧

续表

步骤序号	图示	备注
2		粗精车端面
3		利用 $\phi 35mm$ 麻花钻钻通孔
4		粗精车端面，车外圆至尺寸要求
5		掉头装夹，车削端面，保证长度为25mm

步骤序号	图示	备注
6		粗精车外圆至尺寸要求
7		粗精车螺纹内孔至尺寸要求
8		利用内孔车刀的副后刀面进行倒角，倒角 $C2$
9		用对刀样板正确安装内螺纹车刀

步骤序号	图示	备注
10		车削内螺纹 M39×2
11		低速用砂皮去内壁飞边
12		用螺纹塞规综合检测内螺纹

4. 零件的检测与评价

工件加工结束后要进行检测，并对工件进行误差与质量分析，将结果填入表 6-6 中。

表 6-6 三角形内螺纹车削任务检测评价表

任务内容	三角形内螺纹的车削		任务序号		练 6-2	
检测项目	检测内容	配分	自评	小组评	教师评	总得分
螺纹	M39×2	12				

续表

检测项目	检测内容	配分	自评	小组评	教师评	总得分
外圆	ϕ55mm	6				
长度	25mm	4				
其他	倒角 2×C2	2				
	锐角倒钝 4×C0.5	2				
	安全文明实习	5				
工具设备的使用及维护	工具、量具、刀具的正确使用与维护	3				
	设备的正确使用与保养	3				
	操作的规范性	3				
总配分		40				

5. 注意事项

1）内螺纹车刀的两刀刃要刃磨平直，否则会使车出的螺纹牙型侧面不直，影响螺纹精度。

2）车刀的刀头不能太窄，否则当螺纹车到规定深度时，中径尚未达到要求尺寸。

3）由于车刀刃磨不正确或装刀歪斜，所以车出的内螺纹一面恰好可用塞规旋进，另一面则旋不进或配合过松。

4）车刀刀尖要对准工件中心。如车刀装得高，则车削时会引起振动，使工件表面产生鱼鳞斑现象。如车刀装得低，则刀头下部会与工件发生摩擦，车刀切不进去。

5）内螺纹车刀刀杆不能选择得太细，否则由于切削力的作用，会引起震颤和变形，从而出现"扎刀""啃刀""让刀"、发出不正常的声音及振纹等现象。

6）小滑板宜调紧一些，以防车削时车刀移位产生乱扣。

7）加工盲孔内螺纹时，可以在刀杆上做记号或用薄铁皮做标记，也可用床鞍刻度盘的刻线等来控制退刀，以避免车刀碰撞工件而报废。

8）赶刀量不宜过多，以防精车时没有余量。

9）车内螺纹时，如发现车刀有碰撞现象，应及时对刀，以防车刀移位而损坏牙型。

10）精车螺纹车刀要保持锋利，否则容易产生"让刀"现象。

11）为了消除因"让刀"现象产生的螺纹锥形误差（检查时，只能在进口处拧进几牙），不能盲目加大背吃刀量，须采用"趟刀"的方法，使车刀在原来的切刀深度位置反复车削，直至全部拧进。

12）用螺纹塞规检查时，应通端全部旋进，且感觉松紧适当，而止端拧不进。检查不通孔螺纹时，通端旋进的长度应达到图样要求的长度。

13）在车内螺纹的过程中，当工件在旋转时，不可用手摸，更不可用棉纱去擦，以免造成事故。

1. 三角形内螺纹的形状

三角形内螺纹工件常见的形状有3种，即通孔、不通孔和台阶孔，如图6-17所示，其中通孔内螺纹较容易加工。在加工内螺纹时，由于车削的方法和工件形状的不同，所选用的螺纹车刀也不同。工厂中最常用的内螺纹车刀如图6-18所示。

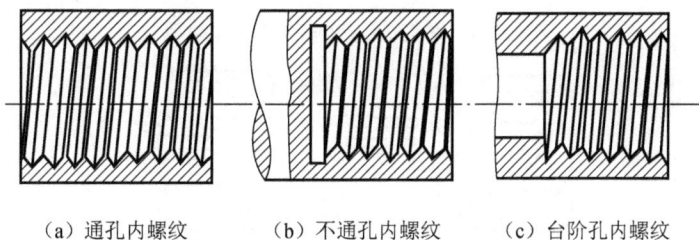

（a）通孔内螺纹　　　　（b）不通孔内螺纹　　　　（c）台阶孔内螺纹

图6-17　内螺纹工件形状

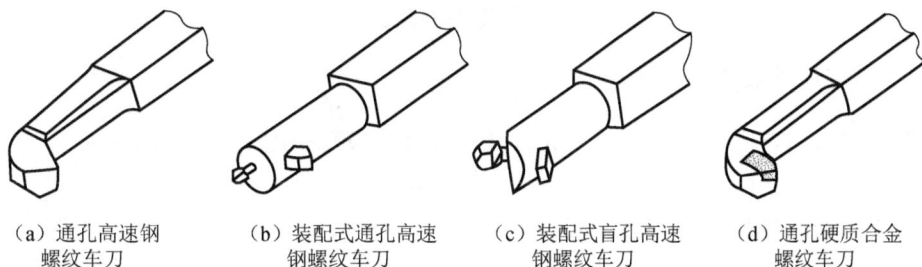

（a）通孔高速钢　　　　（b）装配式通孔高速　　　　（c）装配式盲孔高速　　　　（d）通孔硬质合金
　　螺纹车刀　　　　　　　　钢螺纹车刀　　　　　　　　钢螺纹车刀　　　　　　　　螺纹车刀

图6-18　各种内螺纹车刀

2. 内螺纹车刀的选择和装夹

（1）内螺纹车刀的选择

内螺纹车刀是根据车削方法、工件材料及零件形状来选择的，它的尺寸大小受到螺纹孔径尺寸的限制。一般内螺纹车刀的刀头径向长度应比孔径小 3～5mm，否则退刀时会碰伤牙顶，甚至不能车削。刀杆的大小在保证排削的前提下，要尽量粗壮些。

（2）车刀的刃磨和装夹

内螺纹车刀的刃磨方法与外螺纹车刀基本相同。但是刃磨刀尖角时，它的平分线必须与刀杆垂直，否则车内螺纹时会出现刀杆碰伤工件内孔的现象，如图6-19所示。刀尖宽度应符合要求，一般为0.1×螺距。

在装刀时，必须严格按样板找正刀尖角，如图6-20（a）所示，否则车削后会出现倒牙现象。刀装好后，应在孔内摇动床鞍至终点检查是否碰撞，如图6-20（b）所示。

（a）偏左　　　　　（b）偏右　　　　　（c）垂直

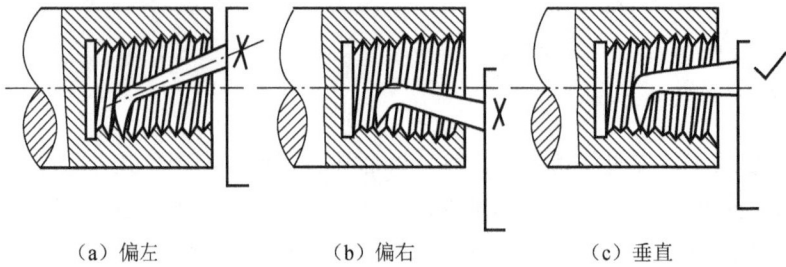

图 6-19　车刀刀尖角与刀杆位置关系

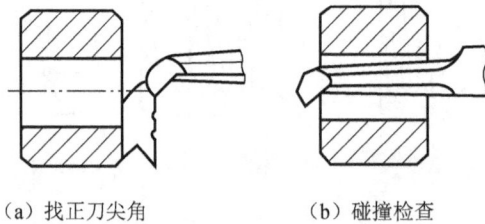

（a）找正刀尖角　　　　　（b）碰撞检查

图 6-20　装夹内螺纹车刀

3. 三角形内螺纹孔径的确定

在车内螺纹时，首先要钻孔或扩孔，孔径尺寸一般可采用下面公式计算：

$$D_{孔} \approx d - 1.05P$$

其尺寸公差可查普通螺纹有关公差表。

4. 车通孔内螺纹的方法

1）车内螺纹前，先把工件的内孔、平面及倒角等车好。

2）开车空刀练习进刀、退刀动作。车内螺纹时的进刀和退刀方向与车外螺纹相反，如图 6-21 所示。练习时，需在中滑板刻度盘上做好退刀和进刀记号。

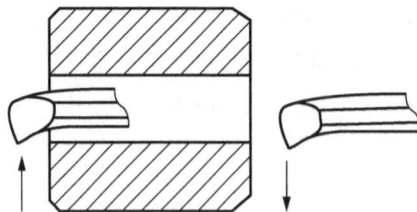

图 6-21　进刀、退刀方向

3）进刀的切削方式与外螺纹相同。螺距小于 1.5mm 或铸铁螺纹采用直进法；螺距大于 2mm 采用左右切削法。为了改善刀杆受切削力而变形的状况，可首先在尾座方向切削大部分切削余量，然后车另一面，最后车螺纹大径。车内螺纹时，目测困难，一般根据观察排削情况进行左、右赶刀切削，并判断螺纹的表面粗糙度。

5. 车盲孔或台阶孔内螺纹

1）车退刀槽，它的直径应大于内螺纹大径，槽宽为 2～3 个螺距，并与台阶平面切平。

2）选择正确的内螺纹车刀。

3）根据螺纹长度加上 1/2 槽宽在刀杆上做好记号，作为退刀、开合螺母起闸时的标记。

4）车削时，中滑板手柄的退刀和开合螺母起闸（或开倒车）的动作要迅速、准确、协调，保证刀尖到槽中退刀。

6. 切削用量和切削液选择

与车三角形外螺纹相同。

任务四　三角形螺纹配合件的车削

任务目标▶

1）掌握外螺纹的车削方法。
2）掌握三角形内螺纹孔径的计算方法。
3）掌握螺纹配合件的车削工艺。
4）掌握配合件的测量方法。

任务实施▶

1. 零件图样

零件图样如图 6-22 所示。

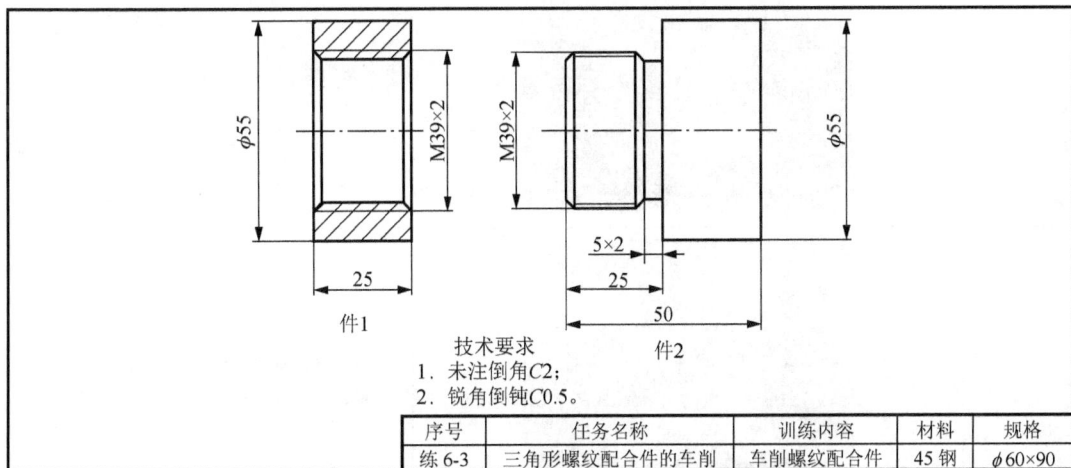

件1

件2

技术要求
1. 未注倒角C2；
2. 锐角倒钝C0.5。

序号	任务名称	训练内容	材料	规格
练6-3	三角形螺纹配合件的车削	车削螺纹配合件	45 钢	$\phi60\times90$

图 6-22　零件图样

2．加工工艺分析

1）装夹工件伸出部分长 60mm 左右，找正夹紧。

2）粗精车端面、外圆ϕ55mm，长度 30mm 以上。

3）钻ϕ35mm 盲孔，长度从钻尖量起 30mm。

4）利用切断刀切下工件 1 半成品。

5）粗精车端面、外圆ϕ55mm，长度略大于 25mm。

6）装夹工件 1，按照项目六任务三的方法车内螺纹至要求尺寸，并用通止规综合检测。

7）装夹工件 2，按照项目六任务二的方法，根据图样加工外螺纹及退刀槽，螺纹测量用工件 1 进行综合测量。

3．加工步骤

三角形螺纹配合件的车削加工步骤如表 6-7 所示。

表 6-7　三角形螺纹配合件的车削加工步骤

步骤序号	图示	备注
1		将工件装夹在卡盘上，找正并夹紧
2		粗精车端面
3		车外圆ϕ55mm 至尺寸要求，保证长度为不小于 30mm

步骤序号	图示	备注
4		利用 ϕ35mm 麻花钻钻通孔，长 30 mm
5		利用切断刀切下工件 1
6		1）粗精车剩余工件端面 2）粗精车外圆 ϕ55mm 至尺寸要求，长度略大于25mm
7		1）装夹钻好孔的工件 1，找正并夹紧 2）粗精车外圆端面至尺寸要求

步骤序号	图示	备注
8		根据车削三角形内螺纹的方法按要求车削工件1
9		1）装夹工件2，并根据车削三角形外螺纹的方法按要求车削 2）外螺纹工件2可使用工件1进行检测

4. 零件的检测与评价

工件加工结束后要进行检测，并对工件进行误差与质量分析，将结果填入表6-8中。

表6-8　三角形螺纹配合件车削任务检测评价表

任务内容		三角形螺纹配合件的车削			任务序号		练6-3
检测项目		检测内容	配分	自评	小组评	教师评	总得分
工件1	螺纹	M39×2	12				
	外圆	ϕ55mm	6				
	长度	25mm	4				
工件2	螺纹	M39×2	12				
	外圆	ϕ55mm	6				
	槽	5mm×2mm	6				
	长度	25mm	4				
		50mm	4				
其他		倒角 4×C2	4				
		锐角倒钝 8×C0.5	8				
		安全文明实习	5				
工具设备的使用及维护		工具、量具、刀具的正确使用与维护	3				
		设备的正确使用与保养	3				
		操作的规范性	3				
		总配分	80				

5. 注意事项

1）工件加工前，要准备充分，工具、量具、刃具摆放有序，对于毛坯工件，要测量外圆与长度是否符合要求。

2）装夹前，要计算各部分的尺寸，避免工件装夹不正确而造成无法加工。

3）配合件的加工，一定要根据提供的毛坯长度和直径合理地安排加工方法。

4）配合件的加工，一般采用基孔制，先加工含内孔工件，再加工外圆工件。

知识链接 ▶

车工操作用工具、量具清单如表6-9所示。

表6-9 车工操作用工具、量具清单

类别	序号	名称	规格/mm	精度/mm	数量	备注
量具	1	外径千分尺	25～50	0.01	1	—
	2	内径千分尺	25～50	0.01	1	—
	3	游标卡尺	0～150	0.02	1	—
	4	螺纹环规	M39×2	5g6g	1	—
刃具	1	90°外圆车刀	刀杆25×25	—	1	—
	2	45°端面车刀	刀杆25×25	—	1	—
	3	切槽车刀	刀宽4～5、L>30	—	1	—
	4	三角形外螺纹车刀	P2	—	1	—
	5	内螺纹车刀	P2	—	1	—
	6	中心钻	B3/10	—	1	—
	7	麻花钻	ϕ35、莫氏锥度5号	—	1	—
工具	1	卡盘扳手	CA6140	—	1	—
	2	刀架扳手	CA6140	—	1	—
	3	加力杆	—	—	1	—
	4	活动顶尖	莫氏锥度5号	—	1	—
	5	钻夹头	莫氏锥度5号、1～13	—	1	—
	6	铁屑钩子	—	—	1	—
	7	油壶	—	—	1	—
	8	刷子	—	—	1	—
	9	垫刀片	—	—	若干	—
	10	螺钉旋具	一字、十字	—	各1	—
	11	螺纹对刀样板	60°	—	1	—
材料	1	45钢	ϕ60×90	—	1	—
设备	1	沈阳机床	CA6140	—	1	—

附　　录

附录一　初级车工鉴定要求

一、适用对象

操作车床、按技术要求对工件进行切削加工的人员。

二、申报条件

1．文化程度：初中毕业。

2．现有技术等级证书（或资格证书）的级别：学徒期满。

3．本工种工作年限：三年。

4．身体状况：健康。

三、考生与考评员比例

1．知识：20∶1。

2．技能：5∶1。

四、鉴定方式

1．知识：笔试。

2．技能：实际操作。

五、考试要求

1．知识要求：60～120分钟；满分100分，60分为及格。

2．技能要求：按实际需要确定时间，满分100分，60分为及格；根据考试要求自备工具。

具体的鉴定内容如附表1所示。

附表1　鉴定内容

项目		鉴定范围	鉴定内容	鉴定比重	备注
知识要求（100）	基本知识	1．识图知识	1）正投影的基本原理 2）简单零件剖视（剖面）的表达方法 3）常用零件的规定画法及代号标注方法 4）简单装配图的识图知识	4	—

项目		鉴定范围	鉴定内容	鉴定比重	备注
知识要求（100）	基本知识	2. 量具与公差配合知识	1）千分尺、游标卡尺、90°角尺、游标万能角度尺、游标高度尺、百分表等量具的结构及使用方法 2）常用量具的维护保养知识 3）公差配合、几何公差和表面粗糙度的有关知识	4	一
		3. 机械传动知识	1）机械传动的基本知识 2）带传动、螺旋传动、链传动、齿轮传动的工作原理及特点	3	
		4. 电工常识	1）自用车床电器的一般常识 2）安全用电常识	3	
		5. 金属材料与热处理的一般知识	1）常用金属材料的种类、牌号、力学性能、切削性能和切削过程中的热膨胀知识 2）热处理的有关知识	3	
		6. 专业数学计算	简单数学计算，如圆锥、螺纹尺寸、切削用量等的计算方法	3	
	专业知识	1. 车床基本知识	1）自用车床的名称、型号、规格、性能、主要结构和一般传动关系 2）自用车床的润滑系统、使用规则和维护保养方法	10	
		2. 车刀基本知识	1）常用刀具的种类、牌号、规格、性能和使用方法 2）刀具的几何参数对切削性能的影响和初步选择刀具几何参数的方法 3）提高刀具使用寿命的基本方法	12	
		3. 工件定位和装夹知识	1）一般轴、套类零件定位基准的选择 2）使用软卡爪、心轴的装夹方法 3）使用中心架、跟刀架的方法	12	
		4. 车削用量和切削液的知识	1）选择切削用量的基本原则 2）常用切削液的种类和选用方法 3）减小工件表面粗糙的基本方法 4）切削过程的物理现象	12	
		5. 基本车削方法	1）台阶轴的加工方法 2）钻孔、车孔、铰孔的方法 3）常用圆锥的车削方法和测量方法 4）成形表面的车削方法 5）常用螺纹（普通螺纹、梯形螺纹）的车削方法和测量方法	24	
	相关知识	1. 钳工的基本知识	1）平面划线法 2）钻孔、扩孔、镗孔的方法	5	
		2. 相关工种的一般工艺知识	1）铸件、锻件和棒料等毛坯知识 2）磨削加工的基本知识	5	
技能要求（100）	基本操作技能	1. 车削轴类零件	1）直轴和台阶轴（3~4个台阶） 2）大径尺寸公差等级 IT8 3）台阶长度公差等级 IT10~IT12 4）表面粗糙度小于 3.2μm。 5）同轴度误差小于 0.05mm（用百分表测量）	70	根据考试要求的时间和有关条件，确定具体的鉴定内容。能按技术要求按时完成者，可得满分

续表

项目	鉴定范围	鉴定内容	鉴定比重	备注
技能要求（100）	基本操作技能	2. 切断和车沟槽 1）直进法切断，切入深度：钢料 15mm，铸件 20mm，切断平面误差小于 0.1mm 2）内、外沟槽，端面直槽，T 形槽及 45° 斜槽等符合图样要求	70	根据考试要求的时间和有关条件，确定具体的鉴定内容。能按技术要求按时完成者，可得满分
		3. 车削套类零件 1）垫圈、衬套、齿坯类、盘类、轮类零件 2）孔径公差等级 IT8 3）表面粗糙度小于 3.2μm 4）同轴度误差小于 0.05mm 5）端面对孔轴线的垂直度误差小于 0.03mm/100mm		
		4. 车削圆锥面 1）常用内、外圆锥面 2）用圆锥量规进行涂色检验，要求接触面积不少于 50% 3）圆锥直径公差等级 IT9 4）表面粗糙度不低于 3.2μm 5）圆锥公差精度等级为 IT9（GB 11334—2005） 6）锥面对测量轴线的跳动误差小于 0.05mm		
		5. 车削成形面 1）椭圆、三球手柄、摇手柄等零件 2）用锉刀修光、砂皮抛光后的外形符合样板要求 3）表面粗糙度小于 1.6μm		
		6. 滚花 1）直纹和网纹 2）滚花后花纹清晰，大径符合尺寸要求		
		7. 车削螺纹 1）三角形内、外螺纹 ① 普通螺纹精度 6 级（GB 197—2003），用量规检验合格 ② 其他三角形螺纹精度用螺纹量规检查合格 ③ 表面粗糙度小于 3.2μm 2）梯形螺纹和矩形螺纹 ① 短丝杠 ② 用螺纹量规检查合格 ③ 表面粗糙度小于 1.6μm ④ 螺纹中径对测量基准的圆跳动误差小于 0.1mm		
	工具、设备的使用与维护	1. 工具的使用与维护 1）常用工具的合理使用与保养 2）正确使用夹具，做好保养工作	10	
		2. 设备的使用与维护 1）操作自用车床，并及时发现一般故障 2）自用车床的润滑 3）车床的保养工作	10	—
	安全及其他	安全文明生产 1）正确执行安全技术操作规程 2）按企业有关文明生产的规定，做到工作地整洁，工件、工具摆放整齐	10	—

附录二　中级车工鉴定要求

一、适用对象

操作车床、按技术要求对工件进行切削加工的人员。

二、申报条件

1. 文化程度：初中毕业。
2. 现有技术等级证书（或资格证书）的级别：初级工等级证书。
3. 本工种工作年限：五年。
4. 身体状况：健康。

三、考生与考评员比例

1. 知识：20∶1。
2. 技能：5∶1。

四、鉴定方式

1. 知识：笔试。
2. 技能：实际操作。

五、考试要求

1. 知识要求：60～120 分钟；满分 100 分，60 分为及格。
2. 技能要求：按实际需要确定时间，满分 100 分，60 分为及格；根据考试要求自备工具。

具体的鉴定内容如附表 2 所示。

附表 2　鉴定内容

项目		鉴定范围	鉴定内容	鉴定比重	备注
知识要求（100）	基本知识	1. 机械制图知识	1）几何作图和投影作图方法 2）机件形状的表达方式 3）常用零件的规定画法 4）零件图的尺寸、几何公差、表面粗糙度和技术要求的标注方法 5）绘制一般零件图的方法	6	—
		2. 金属切削原理与刀具知识	1）刀具材料的基本要求及常用刀具的种类、代号（牌号）和用途 2）刀具作用部分的几何形状、刀具角度和工作角度	6	

续表

项目		鉴定范围	鉴定内容	鉴定比重	备注
知识要求（100）	基本知识	2. 金属切削原理与刀具知识	3）金属切削过程 4）刀具的磨钝标准 5）影响刀具寿命的因素及提高刀具寿命的方法 6）刀具刃磨的基本要求及一般的刃磨方法 7）磨削的基本原理及砂轮的选择知识	6	—
		3. 机制工艺基础与夹具知识	1）机械加工精度的概念 2）工艺尺寸链的基本概念及简单尺寸链的计算方法 3）产生加工误差的原因及减少误差的方法 4）机床夹具的作用、分类及组成 5）工件六点定位原理及合理的定位方法 6）夹具的常用定位元件及夹紧元件的作用 7）车床典型夹具的结构特点 8）组合夹具的一般知识	8	
	专业知识	1. 车床知识	1）常用车床的性能、结构、传动系统和调整方法，如调整主轴轴承间隙，调整摩擦离合器间隙和螺母、丝杠间隙等 2）简单数控车床的知识	35	
		2. 车削工艺知识	1）细长轴的深孔的基本加工方法 2）偏心工件（两拐曲轴）的加工和测量方法 3）蜗杆和多线螺纹的加工和测量方法	35	
	相关知识	1. 相关工种工艺知识	1）磨削的加工知识 2）砂轮机的使用知识	5	
		2. 生产技术管理知识	1）车间生产管理的基本内容 2）专业技术管理的基本内容	5	
技能要求（100）	中级操作技能	1. 车制蜗杆（多头蜗杆），头数 $Z_1 \leq 3$，模数 $M_x \leq 4mm$ 的轴向直廓、法向直廓蜗杆	1）精度 9 级（GB 10089—1988） 2）表面粗糙度 Ra 为 1.6μm 3）分度圆直径对测量基准的圆跳动误差不大于 0.05mm 4）用三针（单针）或齿厚游标卡尺测量	70	根据考试要求的时间和有关条件，确定具体的鉴定内容。能按技术要求按时完成者，可得满分
		2. 车制传动进给丝杠、螺母（多线螺纹）	1）梯形螺纹及矩形螺纹的中长型丝杠与螺母 2）根据机械工业部颁布的 JB 2886-81《机床 梯形丝杠和螺母的精度》规定，机床丝杠及其螺母分为 6 个等级，即 4、5、6、7、8 和 9 级，4 级精度最高，9 级精度最低 3）表面粗糙度 Ra 为 1.6μm 4）梯形螺纹牙型半角误差不大于±20′ 5）中径对测量基准圆跳动得到的公差等级为 10 级（GB 1184—1996）		
		3. 车制复杂台阶轴	1）车床主轴类台阶轴 2）主要大径公差等级不低于 IT7 3）表面粗糙度 Ra 为 1.6μm		

项目		鉴定范围	鉴定内容	鉴定比重	备注
技能要求（100）	中级操作技能	3. 车制复杂台阶轴	4）主要形状公差等级不低于 8 级，主要位置公差等级不低于 7 级 5）主要长度尺寸公差等级为 IT9 6）内、外锥面配合的接触面用涂色法检查，其接触面积应大于 65%	70	根据考试要求的时间和有关条件，确定具体的鉴定内容。能按技术要求按时完成者，可得满分
		4. 车制偏心工件	1）偏心轴、套类工件 2）偏心距尺精度相当于公差等级 IT9 3）偏心轴线对基准轴线平行度不大于 0.04mm/100mm 4）表面粗糙度：偏心外圆 Ra 为 1.6μm，偏心孔 Ra 为 3.2μm		
		5. 加工轴承座、油泵体等工件	在花盘和角铁上装夹加工轴承座、支承座、减速器壳体、支承板、油泵体等工件： 1）孔距误差不大于 0.05mm 2）加工部位轴线对定位基面的平行度（垂直度）不大于 0.04mm/100mm 3）交错孔垂直度不大于 0.05mm/100mm		
		6. 加工十字头、十字轴等工件	在单动卡盘上装夹加工十字轴、十字头等类工件： 1）加工部位轴线对测量基准的平行、垂直度公差等级不低于 8 级（GB 1184—1996） 2）对称度精度等级不低于 9 级		
		7. 车制细长工件	1）工件长度与直径之比大于 25～60 的轴类工件 2）表面粗糙度 Ra 为 3.2μm 3）公差等级为 IT9 4）直线度公差等级为 9～12 级		
		8. 车制复杂内孔工件	1）多孔、台阶孔、薄壁孔和深孔公差等级为 IT7，表面粗糙度 Ra 为 1.6μm 2）多孔工件（如模块、钻模块）： ① 孔距误差不大于 0.03mm/100mm ② 各孔轴线的平行度不大于 0.05mm/100mm 3）台阶孔（如轴套、台阶套等工件）： ① 台阶孔同轴度不大于 0.05mm ② 孔深度公差等级 IT9 4）薄壁孔工件（如刻度圈、气缸套等）： 孔圆度、圆柱度公差等级 8～10 级 5）深孔工件： ① 长度与孔径之比大于 5 ② 公差等级为 IT8 ③ 表面粗糙度 Ra 为 3.2μm ④ 圆度、圆柱度公差等级 9～10 级		
		9. 精车两拐曲轴	1）主轴颈和曲轴颈公差等级为 IT7 2）表面粗糙度 Ra 为 3.2μm 3）曲柄颈开挡公差等级为 IT9 4）曲柄颈圆度公差等级为 7～9 级 5）曲柄颈轴线对基准轴线平行度公差等级为 7～9 级 6）主轴颈对基准轴线圆跳动公差等级为 8～10 级		

续表

项目	鉴定范围	鉴定内容	鉴定比重	备注
技能要求（100）	中级操作技能	10. 立式车床制工件 1）大型盘、轮（偏心轮）、壳体类工件 2）外圆、内孔公差等级为 IT7（偏心轮偏心距误差 0.05mm） 3）表面粗糙度 *Ra* 为 1.6μm 4）长度尺寸公差等级为 IT9 5）同轴度公差等级为 8 级 6）两端平行度公差等级为 8 级	70	根据考试要求的时间和有关条件，确定具体的鉴定内容。能按技术要求按时完成者，可得满分
	工具、设备的使用与维护	1. 工具的使用与维护 1）合理使用工具，并做好保养工作 2）正确使用夹具，并做好保养工作	10	
		2. 设备的使用与维护 1）常用车床机构的调整 2）根据说明书对新车床进行试车 3）排除常用车床的一般故障	10	—
	安全及其他	安全文明生产 1）正确执行安全技术操作规程 2）按企业有关文明生产的规定，做到工作地整洁，工件、工具摆放整齐	10	—

附录三　车工技能理论习题和参考答案

车工技能理论知识复习题（一）

一、填空题

1. 游标卡尺的游标上将 49mm 分为 50 小格，此卡尺读数的精度为_____。
2. 一对孔和轴的配合尺寸是 $\phi25H8/n7$，属于_____配合。
3. 尺寸链中，在加工过程或装配过程中间接式最后获得的尺寸称为_____。
4. 劳动生产率是指单位时间内所生产的_____数量。
5. 标准麻花钻的顶角 2φ 等于_____。
6. 数控机床是按照事先编制好的_____对工件进行自动加工的高效设备。
7. 切削液的作用是冷却、润滑、清洗和_____。
8. 米制蜗杆车刀的刀尖角应刃磨成_____度。
9. 切削热通过切屑、工件、刀具和_____传散。
10. 我国按机床的加工方式和用途不同，将机床分为_____大类，每类机床的代号用其汉语拼音的第一个大写字母表示，C 表示_____，Z 表示_____，Y 表示_____。
11. 砂轮的_____是指磨粒、结合剂、气孔三者之间的比例关系。
12. 选择精基准时，选用加工表面的设计基准为定位基准，称为_____原则。
13. 定位的任务是要限制工件的_____。
14. CA6140 车床的主轴孔锥度是莫氏_____号。

二、选择题

1. 进给箱的功用是把交换齿轮箱传来的运动，通过改变箱内滑移齿轮的位置，变速后传给丝杠或光杠，以满足（　　）和机动进给的需要。

A．车孔　　　　　B．车圆锥　　　　　C．车成形面　　　D．车螺纹

2. 识读装配图的要求是了解装配图的名称、用途、性能、结构和（　　）。

A．工作原理　　　B．精度等级　　　　C．工作性质　　　D．配合性质

3. 精密丝杠的加工工艺中，要求锻造工件毛坯，目的是使材料晶粒细化、组织紧密、碳化物分布均匀，可提高材料的（　　）。

A．塑性　　　　　B．韧性　　　　　　C．强度　　　　　D．刚性

4. 被加工表面与（　　）平行的工件适用在花盘角铁上装夹加工。

A．安装面　　　　B．测量面　　　　　C．定位面　　　　D．基准面

5. 在一定的生产条件下，以最少的（　　）和最低的成本费用，按生产计划的规定，生产出合格的产品是制定工艺规程应遵循的原则。

A．电力消耗　　　B．劳动消耗　　　　C．材料消耗　　　D．物资消耗

6. 以下（　　）不是机夹可转位刀片的主要性能。

A．高韧性　　　　B．高强度　　　　　C．较差的工艺性　D．良好的导热性

7. 刀具在急剧磨损阶段磨损速度快的原因是（　　）。

A．表面退火　　　B．表面硬度低　　　C．摩擦力增大　　D．以上均可能

8. 刃磨后的刀具从开始切削一直到达到（　　）为止的总切削时间，称为刀具寿命。

A．刀具崩刃　　　B．磨钝标准　　　　C．急剧磨损阶段　D．刀具报废

9. 小滑板（　　），不会使小刀架手柄转动不灵活或转不动。

A．镶条弯曲　　　B．导轨弯曲　　　　C．丝杠弯曲　　　D．手柄弯曲

10. 若方刀架和小滑板底板的结合面不平，接触不良，刀具压紧后会使（　　）手柄转动不灵活或转不动。

A．小滑板　　　　B．中滑板　　　　　C．大滑板　　　　D．以上均不对

11. 深孔加工刀具与短孔加工刀具不同的是，前后均带有（　　），有利于保证孔的精度和直线度。

A．导向垫　　　　B．刀片　　　　　　C．导棱　　　　　D．修光刃

12. 找正偏心距 2.4mm 的偏心工件，百分表的最小量程为（　　）mm。

A．15　　　　　　B．4.8　　　　　　C．5　　　　　　　D．10

13. 单件加工三偏心偏心套，应先加工好（　　），再以它作为定位基准加工其他部位。

A．基准孔　　　　B．偏心外圆　　　　C．另一偏心外圆　D．工件总长

14. 车削偏心距较大的三偏心工件，应先用单动卡盘装夹车削（　　），然后以（　　）为定位基准在花盘上装夹车削偏心孔。

A．基准外圆和基准孔，基准孔　　　　　B．基准外圆和基准孔，基准外圆

C．基准外圆和基准孔，工件端面　　　　D．工件总长和基准孔，基准外圆

15. 下列装夹方法中，（　　）不适合偏心轴的加工。

    A. 专用夹具　　　　B. 花盘　　　　　　C. 单动卡盘　　　D. 三爪自定心卡盘

16. 车削轴类零件时，如果毛坯余量不均匀，切削过程中背吃刀量发生变化，工件会产生（　　）误差。

    A. 圆柱度　　　　　B. 尺寸　　　　　　C. 同轴度　　　　D. 圆度

17. 用转动小滑板法车圆锥时，产生（　　）误差的原因是小滑板转动角度计算错误。

    A. 锥度（角度）　　B. 尺寸误差　　　　C. 形状误差　　　D. 粗糙度大

18. 用偏移尾座法车圆锥时，若尾座偏移量不正确，则会产生（　　）误差。

    A. 尺寸　　　　　　B. 锥度（角度）　　C. 形状　　　　　D. 位置

19. 用仿形法车圆锥时产生锥度（角度）误差的原因是（　　）。

    A. 顶尖顶得过紧　　　　　　　　　　B. 工件长度不一致

    C. 车刀装得不对中心　　　　　　　　D. 滑块与靠模板配合不良

20. 车削螺纹时，（　　）会使螺纹中径产生尺寸误差。

    A. 背吃刀量太小　　B. 车刀切深不正确　　C. 切削速度太低　　D. 挂轮不正确

三、判断题

1. 工作场地保持清洁，有利于提高工作效率。　　　　　　　　　　　　（　　）

2. 珠光体可锻铸铁的抗拉强度高于黑心可锻铸铁的抗拉强度。　　　　　（　　）

3. 通常刀具材料的硬度越高，耐磨性越好。　　　　　　　　　　　　　（　　）

4. 游标万能角度尺按其游标读数值可分为 2′ 和 5′ 两种。　　　　　　　（　　）

5. 铣刀是一种多齿刀具。　　　　　　　　　　　　　　　　　　　　　（　　）

6. 箱体加工时一般都要用箱体上重要的孔作精基准。　　　　　　　　　（　　）

7. 锉削外圆弧面时，顺着圆弧面锉可用于精加工。　　　　　　　　　　（　　）

8. 斜二测画法是轴测投影面平行于一个坐标平面，投影方向平行于轴测投影面时，即可得到斜二测轴测图。　　　　　　　　　　　　　　　　　　　　　　（　　）

9. 《机械加工工艺手册》是规定产品或零部件制造工艺过程和操作方法的工艺文件。

                                          （　　）

10. 计算基准不重合误差的关键是找出设计基准和定位基准之间的距离尺寸。　（　　）

11. 薄板群钻的结构特点简称为"三尖七刃两种槽"。　　　　　　　　　（　　）

12. 单刃外排屑深孔钻又称枪孔钻，适用于 20～50mm 的深孔钻削。　　　（　　）

13. 摩擦离合器过松或磨损，切削时主轴转速会自动升高或自动停车。　　（　　）

14. 精车尾座套筒外圆时，可采用一夹一顶的装夹方法。　　　　　　　　（　　）

15. 深孔加工刀具的刀杆应具有配重，还应有辅助支撑，防止或减少振动和让刀。

                                          （　　）

16. 轴向直廓蜗杆的齿形是阿基米德螺旋线。　　　　　　　　　　　　　（　　）

17. 蜗杆的分度圆直径相同，特性系数的值越大，导程角越小。　　　　　（　　）

18．在花盘角铁上装夹壳体类工件，夹紧力的作用点应尽量靠近工件的加工部位。
（　　）

19．铰孔时，如果车床尾座偏移，铰出孔的孔口会扩大。　　　　（　　）

20．用心轴装夹车削套类工件，如果心轴本身同轴度超差，车出的工件会产生尺寸精度误差。　　　　（　　）

四、简答题

1．刃磨刀具常用的砂轮有哪几种？刃磨硬质合金刀具用哪种砂轮？

2．车床可加工的 8 种回转表面指的是什么？

五、计算题

1．用三针量法测量梯形螺纹中径时，其牙型角 $\alpha=30°$，螺距 $P=10mm$，试求最佳量针的直径是多少？

2．车削 C=1∶5 的圆锥孔，用塞规测量时，孔的端面离锥度塞规台阶面为 4mm，则横向进给多少才能使大端孔径合格？

六、分析题

分析齿轮坯（附图 1）车削工艺过程，回答下列问题：

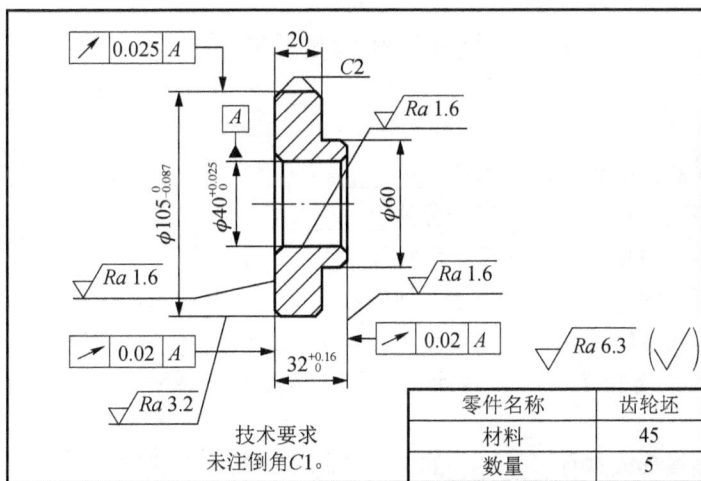

附图 1　齿轮坯零件图

1）下料 $\phi110$mm×36mm，5 件。

2）自定心卡盘装夹，夹住 $\phi110$mm 外圆，外伸长 20mm，车平端面；车外圆至 $\phi63$mm× 10mm。

3）掉头，夹住 $\phi63$mm 外圆，粗车端面→粗车外圆至 $\phi107$mm→钻孔 $\phi36$mm→粗精镗孔 $\phi40^{+0.025}_{0}$mm 至尺寸→精车端面，保证总长 33mm→精车外圆 $\phi105^{0}_{-0.087}$mm 至尺寸→倒内角 $C1$→倒外角 $C1$。

4）掉头，夹住 $\phi105$mm 外圆，垫铁皮，找正→精车台阶轴保证长度 20mm→车小端面，保证总长 $32.3^{+0.2}_{0}$mm→精车外圆 $\phi60$mm 至尺寸→精车小端面，保证总长 $32^{+0.16}_{0}$mm→倒小内、外角 $C1$，倒大外角 $C2$。

5）检验。

问题 1：对零件的位置精度有哪些要求？

问题 2：精车时保证位置精度的方法是什么？

问题 3：$\phi40^{+0.025}_{0}$mm 内孔的加工顺序是什么？

问题 4：孔倒角的目的是什么？

问题 5：定位的粗基准、精基准分别是什么？

车工技能理论知识复习题（二）

一、填空题

1. 刀具材料的硬度越高，耐磨性_____。
2. 车刀前刀面与主后刀面的交线称为_____。
3. 切削液的作用是冷却、润滑、清洗和_____。
4. 零件加工后的_____与理想几何参数的符合程度称为加工精度。
5. 影响位置精度的因素中，主要是工件在机床上的_____位置。
6. 劳动生产率是指单位时间内所生产的合格品数量或者用于生产单位合格品所需的_____。
7. 沿着螺旋线形成具有_____的连续凸起和沟槽称为螺纹。
8. 螺纹的主要测量参数有螺距、顶径和_____尺寸。
9. 切削热通过_____工件、刀具和周围介质传散。
10. 合理选择切削用量，对提高生产率，保证必要的刀具_____和经济性，保证加

工质量都有重要意义。

11．硬质合金可转位车刀刀片的夹紧形式可分为_____式、楔块式、上压式、螺纹偏心式和杠销式。

12．基准可分为工艺基准和_____基准两大类。

13．工件在夹具中加工时，影响位置精度的因素是定位误差、_____误差和加工误差。

14．夹紧力的确定包括夹紧力的_____、方向和作用点 3 个要素。

15．机床的主参数用_____表示，位于组、系代号之后。

16．C620-1 表示经过第_____次重大改进的卧式车床。

17．数控机床最大的特点是灵活方便，当更换工件时，只要更换_____即可。

18．表面粗糙度是指零件加工表面所具有的_____间距和微小峰谷的微观几何形状平面度。

19．磨削加工是用砂轮以较高的_____对工件表面进行加工的方法。

20．镗削是以_____旋转做主运动。

二、选择题

1．在高温下能够保持刀具材料切削性能的是（　　）。
　　A．硬度　　　　B．耐热性　　　　C．耐磨性　　　　D．强度

2．在切削金属材料时，属于正常磨损中最常见的情况是（　　）面磨损。
　　A．前刀　　　　B．后刀　　　　C．前、后刀　　　　D．切削平

3．砂轮的硬度是指磨粒的（　　）。
　　A．粗细程度　　　　　　　　　　B．硬度
　　C．综合力学性能　　　　　　　　D．脱落的难易程度

4．生产中常用的起冷却作用的切削液有（　　）。
　　A．水溶液　　　　B．矿物油　　　　C．植物油　　　　D．乳化液

5．下列方法中，属于获得尺寸精度的方法的是（　　）。
　　A．试切法　　　　B．展成法　　　　C．夹具法　　　　D．刀尖轨迹法

6．精车梯形螺纹时，为了便于左、右车削，精车刀的刀头宽度应（　　）牙槽底宽。
　　A．小于　　　　B．等于　　　　C．大于　　　　D．不考虑

7．切削层的尺寸规定在刀具（　　）中测量。
　　A．切削平面　　　B．基面　　　C．主截面　　　D．副截面

8．形状复杂、精度较高的刀具应选用的材料是（　　）。
　　A．工具钢　　　　B．高速钢　　　　C．硬质合金　　　　D．碳素钢

9．高速钢刀具的刃口圆弧半径的最小径为（　　）μm。
　　A．10～15　　　B．18～25　　　C．0.01～0.1　　　D．25～50

10．普通麻花钻靠外缘处的前角为（　　）。
　　A．负前角（-54°）　　　　　　　B．0°
　　C．正前角（+30°）　　　　　　　D．45°

11. 在自定心卡盘上车偏心工件 D=40mm，偏心距 e=4mm，则其垫片厚度为（　　）mm。

    A．3.2　　　　　　　　B．4.75　　　　　　　　C．7.5　　　　　　　　D．5.7

12. 机床的类别代号中 X 表示（　　）床。

    A．车　　　　　　　　B．钻　　　　　　　　C．拉　　　　　　　　D．铣

13. CA6140 车床的中心高为（　　）mm。

    A．200　　　　　　　　B．203　　　　　　　　C．400　　　　　　　　D．205

14. 在 C620-1 车床上，车精密螺纹，应将（　　）离合器接通。

    A．M3　　　　　　　　B．M4　　　　　　　　C．M5　　　　　　　　D．M3、M4、M5

15. 车床的开合螺母机构主要用来（　　）。

    A．防止过载　　　　　　　　　　　　B．自动断开走刀运动

    C．接通或断开螺纹运动　　　　　　D．自锁

16. 车一根长 200mm 的轴，选进给量 f=0.5mm/r，n=400r/min，则车两刀需要的机动时间是（　　）min。

    A．1　　　　　　　　B．2　　　　　　　　C．3　　　　　　　　D．2.5

17. 设计图样时采用的基准称为（　　）基准。

    A．工艺　　　　　　　　B．设计　　　　　　　　C．定位　　　　　　　　D．测量

18. 磨粒的微刃在磨削过程中与工件发生切削、刻划、摩擦抛光 3 个作用，粗磨、精磨分别以（　　）为主。

    A．切削　　　　　　　　　　　　B．切削、摩擦、抛光

    C．刻划、摩擦、抛光　　　　　　D．刻划、切削

19. 砂带磨削时的金属切除率与压力成（　　），一般地说，粗加工时应施较（　　）压力，精加工时宜施较（　　）力。

    A．正比、小、大　　　　　　　　B．正比、大、小

    C．反比、小、大　　　　　　　　D．反比、大、小

20. 在车间生产中，严肃贯彻工艺规程，执行技术标准严格坚持"三按"即（　　）组织生产，不合格产品不出车间。

    A．按人员、按设备、按工艺　　　　　　B．按人员、按资金、按物质

    C．按图纸、按工艺、按技术标准　　　　D．按车间、按班组、按个人

三．判断题

1. 当磨钝标准相同时，刀具耐用度越大，表示刀具的磨损越慢。（　　）
2. 刀具耐用度是指一把刀具从开始用起，到完全报废为止的切削时间。（　　）
3. 砂轮之所以能加工各种硬质材料，是因为刀具做高速旋转运动。（　　）
4. 工件定位的目的是保证被加工表面的位置精度。（　　）
5. Tr28×5 外螺纹的中径尺寸为 25.5mm。（　　）
6. 具有纵向前角的螺纹车刀，车出来的螺纹牙侧是曲线，不是直线。（　　）

7．用正轮游标卡尺测量蜗杆，其测量精度比三斜测量差。　　　　　（　　）

8．机床夹具一般由辅助装置、夹具体、夹紧装置和定位装置组成。　（　　）

9．在加工中用作定位的基准称为定位基准。　　　　　　　　　　　（　　）

10．工件定位时，当定位点小于工件应该限制的自由度，使工件不能正确定位时，称为部分定位。　　　　　　　　　　　　　　　　　　　　　　　　（　　）

11．深孔加工主要的关键技术是深孔钻的几何形状冷却和排屑问题。（　　）

12．机床的精度包括机床的几何精度和运动精度。　　　　　　　　（　　）

13．劳动生产率的考核指标由产量定额和时间定额两部分组成。　　（　　）

14．工艺基准可分为定位基准、设计基准和装配基准。　　　　　　（　　）

15．常用的百分表分为杠杆式和钟表式两种。　　　　　　　　　　（　　）

16．水平仪是一种测角量仪。　　　　　　　　　　　　　　　　　　（　　）

17．吊运重物不得从任何人的头顶通过，吊臂下严禁站人。　　　　（　　）

18．磨削加工作为精加工，一般放在车铣之后，热处理之前。　　　（　　）

19．全面质量管理的基本特点是全员性和预防性。　　　　　　　　（　　）

四、简答题

1．减小误差的途径主要有哪些？

2．车削加工时，可采取哪些断屑措施？

3．硬质合金可转位车刀的夹紧机构应满足的要求是什么？

4．立式车床在结构布局上有哪些特点？

五、计算题

已知工件锥度 1∶10，小端直径 30mm，长度 L=60mm，加工后实测 L=55mm，大端直径是多少？若实测 L=65mm，大端直径是多少？

六、分析题

防止和减少薄壁工件变形的方法有哪些？

车工技能理论知识复习题（三）

一、填空题

1. 工件旋转做主运动，车刀做进给运动的切削加工方法，称为_____。
2. 机床的类别用_____表示，居型号的首位，其中字母"C"表示车床类。
3. 主轴箱换油时先将箱体内部用煤油清洗干净，然后_____。
4. 车工在操作中_____。
5. 钨钴类合金中含钴量_____，坚韧性越好，其承受冲击的性能就_____。
6. 切削热主要由切屑工件、刀具及_____传导出来。
7. 切削运动中，速度较高，消耗切削功率较大的运动是_____。
8. 为了使车刀锋利，精车刀的前角一般应取_____。
9. 精车刀的前角和_____不能取得太小。
10. _____是轴类工件的定位基准。
11. 交换主轴箱外手柄的位置可使主轴得到各种_____。
12. 切削液的主要作用是降低温度和_____。
13. 对车床来说，第一位数字是"6"代表的是落地及_____。
14. 高速钢刀具的韧性比硬质合金好，因此，常用于承受冲击力_____的场合。
15. 刀具的前刀面和基面之间的夹角是_____。
16. _____加工时，应取较大的后角。
17. 编刀一般是指主偏角_____90°的车刀。
18. 轴类工件的尺寸精度都是以_____定位车削的。
19. 弹子油环润滑_____至少加油一次。
20. 精车刀的前面应取_____。
21. 45°车刀的主偏角和_____都等于45°。
22. 为了保证孔的尺寸精度，铰刀尺寸最好选择在被加工孔公差带_____左右。
23. 经过精车以后的工件表面如果不够光洁，可以用砂皮_____。
24. 螺纹的导程 P_H 和螺距 P 的关系是_____（N 是螺纹的线数）。

二、选择题

1. 交换（　　）外的手柄，可以使光杠得到各种不同的转速。
   A．主轴箱　　　　　B．溜板箱　　　　　　C．进给箱
2. 车床尾座中，小滑板摇动手柄转动轴承部位，一般用（　　）润滑。
   A．烧油　　　　　　B．弹子油杯　　　　　C．油脂杯
3. 以冷为主的切削都是水溶液，且呈（　　）。
   A．中性　　　　　　B．酸性　　　　　　　C．碱性

4．用硬质合金车刀精车时，为减小工件的表面粗糙度，应尽量提高（　　　）。

　　A．背吃刀量　　　　B．进给量　　　　　　C．切削速度

5．切断时的背吃刀量等于（　　　）。

　　A．半径　　　　　　B．刀头宽度　　　　　C．刀头长度

6．车削同轴度要求较高的套类工件时，可采用（　　　）。

　　A．台阶式心轴　　　B．小锥度心轴　　　　C．弹力心轴

7．标准麻花钻的顶角一般在（　　　）左右。

　　A．100°　　　　　　B．118°　　　　　　　C．140°

8．手用铰刀的柄部为（　　　）。

　　A．圆柱形　　　　　B．圆锥形　　　　　　C．榫方形

9．在车床上钻孔时，钻出的孔径偏大的主要原因是钻头的（　　　）。

　　A．后角太大

　　B．两主切削刃长度不等

　　C．横刃太长

10．对于同一圆锥体来说，锥度总是（　　　）。

　　A．等于斜度　　　　B．等于斜度的两倍　　C．等于斜度的一半

11．圆锥角是圆锥素线与（　　　）之间的夹角。

　　A．另一条圆锥素线

　　B．轴线

　　C．端面

12．数量较小或单件成形面工件，可采用（　　　）进行车削。

　　A．成形刀　　　　　B．双手控制法　　　　C．常模

13．圆形成形刀的主切削刃比圆形成形刀的中心（　　　）。

　　A．高　　　　　　　B．低　　　　　　　　C．等高

14．滚花时会产生很大的挤压变形，因此，必须把工件滚花部分直径车____mm（其中 P 是节距）。

　　A．小（0.2～0.5）P

　　B．大（0.2～0.5）P

　　C．（0.08～0.12）P

15．车普通螺纹时，车刀的刀尖角应等于（　　　）。

　　A．30°　　　　　　B．55°　　　　　　　C．60°

16．螺纹车刀的刀尖圆弧太大，会使车出的三角形螺纹底径太宽，造成（　　　）。

　　A．螺纹环规通端旋进，止规旋不进

　　B．螺纹环规通端旋不进，止规旋进

　　C．螺纹环规通端和止规都旋不进

17．（　　　）的作用是把主轴旋转运动传送给进给箱。

　　A．主轴箱　　　　　B．溜板箱　　　　　　C．交换齿轮箱

18. 卧式车床型号中的主参数代号是用（　　）折算值表示的。
    A．中心距
    B．刀架上最大的回转直径
    C．床身上最大工件的回转直径

19. 刀具的后角是后刀面与（　　）之间的夹角。
    A．前面　　　　　B．基面　　　　　C．切削平面

20. 钻中心孔时如果（　　）就不易使中心钻折断。
    A．主轴转速较高　B．工件端面不平　　C．进给量较大

21. 在切断工件时，切断刀切削刃装得低于工件轴线，会使前角（　　）。
    A．增大　　　　　B．减小　　　　　C．不变

22. 切断时的切削速度按（　　）计算。
    A．被切工件的外径
    B．平均直径
    C．瞬时直径

23. 采用软卡爪反撑内孔装夹工件，车软卡爪时，定位圆环应放在卡爪的（　　）。
    A．里面　　　　　B．外面　　　　　C．外面里面都可以

24. 麻花钻的顶角增大时，前角（　　）。
    A．减小　　　　　B．不变　　　　　C．增大

25. 钻孔时为了减小轴向力应对麻花钻的（　　）进行修磨。
    A．主切削刃　　　B．横刃　　　　　C．棱边

26. 车 60° 圆锥面可采用（　　）法。
    A．转动小滑板　　B．靠模　　　　　C．偏移尾座

27. 一个工件上有多个圆锥面时，最好采用（　　）法车削。
    A．转动小滑板　　B．偏移尾座　　　C．靠模

28. 粗车圆球进刀的位置（　　）。
    A．一次比一次远离圆球中心线
    B．一次比一次靠近圆球中心线
    C．在离中心线 2mm 处

29. 滚花开始时，必须用较（　　）的进给压力。
    A．大　　　　　　B．小　　　　　　C．轻微

30. （　　）车出的螺纹能获得较小的表面粗糙度。
    A．直进法　　　　B．左右切削法　　C．斜进法

三、判断题

1. 切削铸铁等脆性材料时，为了减少粉末状，需用切削液。（　　）
2. 刀具材料根据车削条件合理选用，要符合所有性能都好是困难的。（　　）
3. 精车时切削速度不应选得过高或过低。（　　）

4．精车时刃倾角应选负值。　　　　　　　　　　　　　　　　　　　（　　）

5．车外圆时，如果毛坯在直径方向上余量不均，车一刀后，测量外圆时会出现圆柱度超差。　　　　　　　　　　　　　　　　　　　　　　　　　　　　　　（　　）

6．装夹车外圆车刀时，刀尖低于工件轴线，这时车刀的主偏角增大，副偏角减小。　　　　　　　　　　　　　　　　　　　　　　　　　　　　　　　　　（　　）

7．精车铸铁材料时，应在车刀的前面磨断屑槽。　　　　　　　　　　（　　）

8．切断直径相同的棒料和套筒时，应当选择刀头宽度相同的切断刀。（　　）

9．当工件的外圆和一个端面在一次装夹车削完时，可以用车好的外圆和端面为定位基准来装夹工件。　　　　　　　　　　　　　　　　　　　　　　　　　　（　　）

10．麻花钻的横刃是两个主切削刃的交线。　　　　　　　　　　　　（　　）

11．主柄钻头不能直接装在尾座套筒内。　　　　　　　　　　　　　（　　）

12．孔在钻穿时，由于麻花钻的横刃不参加工作，所以进给量可取大些，以提高生产率。　　　　　　　　　　　　　　　　　　　　　　　　　　　　　　　（　　）

13．用内径百分表（或千分表）测量内孔时，必须摆动内径百分表，所得最大尺寸是孔的实际尺寸。　　　　　　　　　　　　　　　　　　　　　　　　　　　（　　）

14．圆锥工件的公称尺寸是指大端直径的尺寸。　　　　　　　　　　（　　）

15．米制圆锥的号数是指大端直径。　　　　　　　　　　　　　　　（　　）

16．用偏移尾座法车圆锥时，如果工件的圆锥半角相同，则尾座偏移量也相同。　　　　　　　　　　　　　　　　　　　　　　　　　　　　　　　　　　（　　）

17．车刀装得高于或低于工件中心，会使车出的圆锥母线不直而形成双曲线误差。　　　　　　　　　　　　　　　　　　　　　　　　　　　　　　　　　　（　　）

18．成形表面的车削一般只能用成形刀进行加工。　　　　　　　　　（　　）

19．螺纹可分为圆柱螺纹和圆锥螺纹两大类。　　　　　　　　　　　（　　）

20．车床主轴箱内注入的新油油面不得高于油标中心线。　　　　　　（　　）

21．在加工一般钢件（中碳钢）时，精车时用乳化液，粗车时用切削油。（　　）

22．钨钴类硬质合金的韧性较好，因此常运用于加工铸铁等脆性材料或冲击较大的场合。　　　　　　　　　　　　　　　　　　　　　　　　　　　　　　　　　（　　）

23．车削非铁合金和非金属材料时，应当选取较低的切削速度。　　　（　　）

24．车铸铁材料时由于强度低，故可选取较低的切削速度。　　　　　（　　）

25．车刀在切削工件时，工件上形成已加工表面、切削平面和待加工表面。（　　）

四、计算题

1．在车床上车削一毛坯直径 40mm 的轴，要求次进给车直径为 35mm，如果选用切削速度 v_c=110m/min，求背吃刀量 a_p 及主轴转速 n 各等于多少？

2．切断直径为 100mm 的棒料，切削速度选用 90m/min，求机床主轴每分钟应选用多少转？

五、简答题

   1．车削轴类零件时，车刀的哪些原因使表面粗糙度达不到要求？

   2．高速切削螺纹时，应注意哪些问题？

参 考 答 案

车工技能理论知识复习题（一）

一、填空题

1．0.02mm	2．过渡	3．封闭环	4．合格品
5．118°	6．数控程序	7．防锈	8．40
9．周围介质	10．十二　车床　钻床　齿轮加工机床		
11．组织	12．基准重合	13．自由度	14．6

二、选择题

1～5　　DACDB　　　　　6～10　　CCBDA
11～15　ACAAB　　　　　16～20　DABDB

三、判断题

1～5　　√ √ √ √ √　　　6～10　　× × × × √
11～15　× × × ×　　　　16～20　√ × √ √ ×

四、简答题

   1．答：刃磨刀具常用的砂轮有氧化铝砂轮、绿色碳化硅砂轮、人造金刚石砂轮。刃磨硬质合金刀具用绿色碳化硅砂轮。当刀刃需要精细刃磨时，在工具磨床上用人造金刚石砂轮粗磨。

   2．答：车外圆、车端面、镗内孔、车槽、钻孔、车锥面、车螺纹、车成形面。

五、计算题

1．解：对于梯形螺纹 $\alpha=30°$，最佳量针的直径计算公式为

$$d_{0最佳}=0.51764P$$

式中　P——螺纹螺距，mm；所以

$$d_{0最佳}=0.51764\times10=5.1764(mm)$$

答：最佳量针的直径为 5.1764mm。

2．解：$f=4\times(C/2)=0.4(mm)$。

六、分析题

答：问题 1：对零件的位置精度的要求是，外圆的中心线对内孔的中心线有径向圆跳动要求，误差均不超过 0.025mm；左、右端面对内孔的中心线有轴向圆跳动要求，误差均不超过 0.02mm。

问题 2：精车时保证位置精度的方法是一次装夹，加工出所需表面，以保证内孔与外圆的平行度、内孔与端面的垂直度。

问题 3：$\phi40^{+0.025}_{0}$ 内孔的加工顺序是钻孔、粗镗孔、精镗孔。

问题 4：孔倒角的目的是便于装配、减少应力集中。

问题 5：定位的粗基准是 $\phi63mm$ 外圆，精基准是 $\phi105mm$ 外圆。

车工技能理论知识复习题（二）

一、填空题

1．越好	2．主切削刃	3．防锈	4．实际几何参数
5．安装	6．劳动时间	7．相同剖面	8．中径
9．切屑	10．寿命或刀具耐用度	11．杠杆	12．设计
13．夹具安装	14．大小	15．折算值	16．1
17．电子计算机程序	18．较小	19．线速度	20．镗刀

二、选择题

1～5　BBDAA　　　6～10　ABBAC

11～15　DDDDC　　16～20　BBDBC

三、判断题

1～5　×　×　×　√　√　　　6～10　×　√　√　√　×

11～15　√　×　√　×　√　　16～19　√　√　×　×

四、简答题

1. 答：减小误差的途径有直接减小和消除误差、误差和变形转移、就地加工达到最终精度、误差分组、误差平均等。

2. 答：车削加工时，可采用的断屑措施如下。

（1）改变刀具几何角度，达到断屑目的，如减小前角、增大主偏角、主切削刃上磨出负倒棱。

（2）改变切削用量，达到断屑，如增大进给量及减小切削速度。

（3）使用断屑器强制断屑。

3. 答：硬质合金可转位车刀的夹紧机构应满足的要求如下。

（1）调换刀片方便。

（2）夹紧牢靠，即使在切削力的冲击和振动下也不会松动。

（3）定位精度高。

（4）刀片上无障碍，便于观察切削情况。

（5）夹紧机构不会被切屑擦坏。

（6）结构简单，制造方便。

4. 答：立式车床在结构布局上的主要特点是，主轴垂直布置，并有一个直径很大的圆形工作台，供装夹工件，工作台台面处于水平位置，使工件及工作台的重力由床身导轨或推力轴承承受，能较长期地保持机床精度。

五、计算题

解：根据公式 $D=d+LK$，得 $L=55$ 时，$D=30+55\times(1/10)=35.5(\text{mm})$；$L=65$ 时，$D=30+65\times(1/10)=36.5(\text{mm})$。

六、分析题

答：防止和减少薄壁工件变形的方法有以下几种。

（1）工件分粗车、精车。

（2）应用开缝套筒及扇形软卡爪装夹薄壁工件。

（3）应用轴向夹紧薄壁工件夹具。

（4）增加辅助支承和工艺肋。

车工技能理论知识复习题（三）

一、填空题

1. 车削	2. 汉语拼音字母	3. 加油	4. 严禁戴手套
5. 越高　越好	6. 周围介质	7. 主运动	8. 大些
9. 后角	10. 中心孔	11. 不同转速	12. 减小摩擦

13. 卧式车床组　14. 较大　　　　15. 刃倾角　　16. 精

17. 等于　　　18. 中心孔　　　　19. 每班次　　20. 正值

21. 副偏角　　22. 中间 1/3　　　23. 抛光　　　24. $P_H=N_P$

二、选择题

1～5　C C C C B　　　　6～10　B B C B B

11～15 A B B A C　　　16～20 B C C C A

21～25 B A B C B　　　26～30 A A A A B

三、判断题

1～5　× √ × × ×　　　　6～10　× × √ √ ×

11～15 √ × × × √　　　16～20 × × × √ ×

21～25 × √ × √ ×

四、计算题

1. 解：已知 d_w=40mm，d_m=35mm，v_c=110m/min，所以

$$a_p=(d_w-d_m)/2=(40-35)/2=2.5(mm)$$

又根据 $v_c=\pi d_w n/1000$，得

$$n=1000v_c/(\pi d_w)=(1000\times110)/(3.14\times40)\approx875.8（r/min）$$

答：背吃刀量 a_p 为 2.5mm，主轴转速 n 约为 875.8r/min。

2. 解：已知 d_w=100mm，v_c=90m/min，所以

$$n=1000v_c/(\pi d_w)=(1000\times90)/(3.14\times100)\approx286.7（r/min）$$

答：机床的转速约为 286.7r/min。

五、简答题

1. 答：可能的原因有以下几种。

（1）车刀刚性不足或伸出部分太长引起振动。

（2）车刀几何形状不正确，如选用过小的前角、主偏角和后角。

（3）刀具磨损等。

2. 答：应注意的问题有以下几个。

（1）螺纹大径应比公称尺寸小 0.2～0.4mm。

（2）因切削力较大，工件必须支持牢固。

（3）要及时返刀，以防止碰伤工件或损坏机床。

（4）背吃刀量开始大些，以后逐渐减少，车削到最后一次后，背吃刀量不能太小（一般为 0.15～0.25mm）。

参 考 文 献

崔陵，娄海滨，2014. 普通车床加工技术[M]. 2版. 北京：高等教育出版社.

何建民，2014. 中级车工和高级车工必读[M]. 北京：机械工业出版社.

胡桂兰，徐晓光，2010. 机械工安全知识读本[M]. 北京：机械工业出版社.

龙卫平，吴必尊，2011. 车工技能训练项目教程[M]. 北京：机械工业出版社.

朱荣峰，韩勇娜，李俊，2011. 车工项目训练教程[M]. 北京：高等教育出版社.